Diana Bachmann

HAPPY KANINCHEN

Die frechen Mümmelmänner haben es oft faustdick hinter den Ohren – ein schlauer Ratgeber verrät all ihre Geheimnisse

LANDLEBEN

HAFTUNGSAUSSCHLUSS

Die Autorin war bei allen Beschreibungen und Anleitungen bemüht, auf sämtliche Risiken hinzuweisen. Jedoch kann bei der Arbeit mit lebenden Tieren, selbst bei größter Aufmerksamkeit, einmal ein Unfall passieren.

Weder Autorin noch Verlag übernehmen für Unfälle und Verletzungen, die aus der Nutzung der Anleitungen aus diesem Buch entstehen, die Haftung und bitten die Leser um größtmögliche Sorgfalt beim Umgang mit ihren Kaninchen.

Habt Spaß und achtet gut auf eure Mümmelmänner!

IMPRESSUM

LANDLEBEN im CADMOS Verlag

Covergestaltung, Layout und Satz: Gerlinde Gröll

Bilder Umschlag: www.Shutterstock.com (photomaster, Miriam Doerr, Martin Frommherz, Happy monkey, LAURA_VN, yevgeniy11, photka, pun photo, jannoon028)

Wiederkehrende Illustrationen im Kern:
www.Shutterstock.com (pun photo, jannoon028, Nikiparonak)

Lektorat: Barbara B. Meister, www.fachlektor.at

Druck: www.graspo.com

Deutsche Nationalbibliothek – CIP-Einheitsaufnahme
Die Deutsche Nationalbibliothek verzeichnet diese Publikation in der Deutschen Nationalbibliografie; detaillierte bibliografische Daten sind im Internet über http://dnb.ddb.de abrufbar.

Printed in EU

ISBN: 978-3-8404-4024-3

Foto © Shutterstock/Natalia Chirtsova

INHALT

INHALT

VORWORT

Als Mutter, Großmutter, viel zu alte Instagramerin und Lehrerin an einer Großstadtschule empfinde ich das dringende Bedürfnis, auf unterhaltsame Weise tierlieben Kindern und Jugendlichen sowie deren Eltern mit Rat und Tat beiseitezustehen.

Ich erschrecke immer wieder, wenn ich sehe oder höre, wie unbedarft ein Haustier angeschafft wird, ohne das geringste Wissen über die Lebensbedürfnisse, die dieses Geschöpf hat.

Auf Kindchenschema gezüchtete Tiere mit ihren lieben großen Augen muss man einfach haben und verwöhnen; aus Unkenntnis werden sie vermenschlicht und manchmal regelrecht zu Tode geliebt.

Was der Handel zur Haltung von Tieren anbietet, wird als richtig hingenommen, und so gelangen Kaninchen oft in Plastikkäfige auf einen Quadratmeter Lebensraum. Doch das entspricht keinesfalls einer artgerechten Haltung! In der Natur leben Kaninchen in Gruppen, sie graben Höhlen in großen Revieren, scharren Sassen, springend und schlagen Haken … Da nützen auch die mit Zuckerlösung an einen Holzstab geklebten Getreidemischungen zur Beschäftigung der Nager recht wenig, zumal Getreide in dem natürlichen Lebensumfeld der Kaninchen kaum vorkommt. Und spätestens dann, wenn das Kaninchen aus Mangel an Heu und Obstbaumzweigen die Raufasertapete von den Wänden nagt, fällt auch noch der letzte Freigang in der Wohnung flach. Dick und ohne Lebensmut dümpelt das einst geliebte Tier nun mehrere Jahre in Isolationshaft vor sich hin – Kaninchen können locker zwölf Jahre alt werden!

VORWORT

Ich halte schon seit meiner Kindheit Kaninchen. Diese liebenswürdigen und doch so empfindlichen Tiere haben mich schon immer fasziniert. Mittlerweile wohne ich mit meiner Familie auf einem kleinen Bauernhof in Thüringen und habe dadurch die Möglichkeit, den Tieren auf großem Grundstück ein recht freies und in Ansätzen artgerechtes Leben zu ermöglichen. Meine Tierärztin ist zur guten Freundin geworden – wir haben allerhand ausprobiert, um kranken Kaninchen wieder auf die Pfoten zu helfen. Friederike, so heißt meine Tierärztin, hat mir auch mit Rat und Tat zur Seite gestanden, damit dieses Büchlein entstehen konnte. Besonders die Rezepte für Leckerchen wurden einem kritischen Blick unterzogen. Denn eigentlich benötigen Kaninchen keine von Menschen gemachten Leckereien.

Kaninchen benötigen nur die Nahrung, die in ihrem natürlichen Lebensumfeld vorkommt: frisches und getrocknetes Grünfutter (Heu) und Wasser. Hin und wieder finden sie vielleicht ein paar wenige Beeren, einen auf die Wiese gefallenen Apfel und nagen an Obstbäumen. Gern buddeln sie auch Wurzeln aus und kommen dadurch an Rübe, Karotte und Co.

Sie sind fast immer in Bewegung, graben tiefe Bauten und halten Männchen machend nach Feinden Ausschau. Die Angst vor Raubvögeln sitzt so tief in ihren Genen, dass auch eine von oben zugreifende Menschenhand einem Kaninchen einen solchen Schrecken einjagt, dass es entweder flieht oder sich bewegungslos duckt, um nicht gesehen zu werden. Wie also das im Garten – hoffentlich in einem großen Freigehege – umherhoppelnde Tier zahm bekommen oder sogar einfangen?

Da muss man ihm schon etwas bieten. Eine Leckerei, Geduld und langsame menschliche Bewegungen sind gefragt, damit Mümmelmann oder Mümmelfrau irgendwann freiwillig kommen, wenn sie gerufen werden. Meine Kaninchen gehen abends mittlerweile sogar freiwillig in ihren am Auslauf angrenzenden Schlafstall, weil sie wissen, dass dort frisches Heu, Kräuter und ein paar Leckerbissen warten.

Eure

Diana Bachmann

Kaninchen benötigen nur die Nahrung, die in ihrem natürlichen Lebensumfeld vorkommt: frisches und getrocknetes Grünfutter (Heu) und Wasser

Foto © Shutterstock/ UNIKYLUCKK

Friedrich, Stammvater unserer Kaninchenfamilie

Foto © Diana Bachmann

Unsere Kaninchen und ihre Geschichten

Ja, ich gebe es zu: Ursprünglich wollten wir sie essen. Groß sollten sie sein, damit viel Fleisch dran ist. Eine Riesenschecke wurde gekauft, das Nachbarkaninchen sorgte für den ersten Nachwuchs. Die Tochter kam aus Bayern auf Urlaub, verliebte sich (leider nur in die Kaninchen!), nannte Wilma Wilma und sagte, man könne ein Kaninchen mit Namen doch nicht essen. Sie kaufte Wilma quasi frei. 14 Tage nach ihrer Abreise traf dann ein Paket (!!!) bei uns ein, in dem ein verängstigtes Schlappohrkaninchen saß, das sie beim bayrischen Nachbarn als „Schlachtekaninchen" erstanden hatte. Hier nun ein Foto von unserem missglückten Braten, der Friedrich heißt und mittlerweile bei Instagram eine riesige Fangemeinde hat.

happy.kaninchen
findet Ihr bei YouTube und auf Instagram!

Großwidder Friedrich *Foto © Diana Bachmann*

Leo *Foto © Diana Bachmann*

Friedrich

Vom ersten Tag an sah Friedrich nicht ein, dass er in einem kleinen, handelsüblichen Stall sitzen sollte. Ob er das geplante Schicksal ahnte? Er brach so oft auf alle erdenklichen Arten aus, dass selbst Leo, unser Hofhund, keine Lust mehr hatte, nach ihm zu suchen. Irgendwann, kurz vor Weihnachten, gaben auch wir auf und begnadigten ihn. Seitdem lebt er tagsüber völlig frei auf unserem Grundstück und findet sich spätestens abends vor seinem Schlafhaus ein, um dort sein Leckerchen in Empfang zu nehmen. Und da müssen wir ihm schon etwas bieten, denn im Garten kann er sich ja selbst suchen, was er für seine Ernährung benötigt.

Wilma

Die reinrassige Riesenschecke, Wilma, bescherte Friedrich die lustigsten Kaninchenkinder, die wir jemals besaßen. Alle Kaninchenkinder werden mit Stehohren geboren. Erst im Lauf der ersten Wochen ändern die Ohren ihre Richtung. Das sieht manchmal sehr drollig aus, wenn die kleinen Öhrchen wie Propeller waagerecht abstehen. Was geschieht aber, wenn ein schlappohriger Widder eine großlöffige Riesin deckt?
Zuerst einmal fällt er mehrmals unverrichteter Dinge von ihr hinunter, weil er aufgrund des unendlich langen Rückens der Riesin nicht die richtige Stelle

Riesenschecke Wilma *Foto © Elias Mürle*

Statt verrückter Frisuren verrückte Ohren bei diesen Mischlingen aus Großwidder und Riesenschecke

Fotos © Diana Bachmann

zum „Festhalten" findet. Kaninchenböckchen beißen ihrer Partnerin nämlich bei der Paarung in den oberen Rückenbereich und fallen – einen wohligen Quiekser von sich gebend – danach seitlich um. Irgendwann begreift er aber sein Problem und wird mutiger. Das kostet seine Partnerin zwar einige Haarbüschel – aber wenn sie ihn mag ...
Bei Wilma hielt die Harmonie mit anderen Kaninchen – und so auch mit Friedrich – nie lange an. Wir mussten ihr immer eigene weibliche Jungtiere zur Gesellschaft lassen. Nur die akzeptierte sie dauerhaft ... Aber ich wollte ja über die Jungtiere berichten: Wilmas Kinder sahen sehr unordentlich aus. Sie hatten lange Zeit Stehohren. Danach fiel mal das eine, mal das andere Ohr nach unten. Ein kleines Mädchen hatte zwei Schlappohren, aber die hingen nicht, wie es sich gehört, rechts und links des Köpfchens hinab, sondern sie trug beide Ohren modisch gebündelt auf einer Seite. Am drolligsten war aber ein kleiner Bursche, der – wie im Zeichentrickfilm – nur das obere Ende seiner großen Löffel abknickte.

Emma,

eine reinrassige Zuchthäsin der Rasse Großwidder, die uns gebracht wurde, weil sie zum Schlachten zu alt und krank war, fraß wenig und saß tagelang apathisch im Quarantänestall. Wir schnitten ihre überlangen Krallen und boten ihr alle Leckereien an, die uns einfielen, aber das verängstigte Tier verweigerte alles, außer dem mitgebrachten Futter: Pellets. Wir versuchten das Kleingedruckte auf dem Sack zu entziffern: Es enthielt unter anderem „Pflanzliche Nebenerzeugnisse" (= Abfälle der Lebensmittelindustrie), „Getreide" (Sorte unklar), „Fette" (wozu denn bitte das?), „Soja" (gentechnisch verändert) und ein Medikament gegen Kokzidiose. Wir waren ratlos. Nichts, was im natürlichen Lebensumfeld des Kaninchens vorkommt. Alles, was dick, träge und krank macht, und dann gleich noch eine Dauermedikation dazu.
Kaninchen sind Blatt- und Kräuterfresser. In ihrem natürlichen Lebensumfeld ist das Gras- und Kräutergemisch einer Wiese die Hauptnahrung. Kaninchen reckt sich gern nach den Blättern der Büsche oder buddelt nach Wurzeln. Es verbringt einen großen Teil des Tages damit, sich ein köstlich vielfältiges Menü zusammenzustellen.
Emma hatte dies nie gelernt, sie kannte nur kalorienreiche Pellets. Und diese hatten immer ausreichend zur Verfügung gestanden und für eine maximale Aufzuchtrate von Jungtieren gesorgt.
Was tun, wenn ein Kaninchen nichts anderes fressen will? Und Emma schien fest entschlossen, jegliche andere Nahrung zu verweigern.
Da wir schon oft beobachtet hatten, dass Kaninchen ihnen unbekannte Nahrung ablehnen, fiel uns nur eine Lösung ein. Ein attraktives junges Kaninchenböckchen sollte ihr zeigen, was man futtern kann,

Wenn man unbeobachtet ist, kann man ja heimlich mal an den Geranien naschen. Merkt doch niemand – oder? *Foto © Diana Bachmann*

und ihren Lebens- und Bewegungswillen wecken. Und tatsächlich, von Tag zu Tag wurde Emma munterer – und als wir sie im Blumenkasten ertappten, genüsslich unsere Geranien vernichtend, wussten wir, dass sie es geschafft hatte.

Tiffy

In Tiffy musste ich mich einfach verlieben: das wunderschöne hellrote Fell – und dann noch ein Weißohrkaninchen! Weiße Ohren kommen bei Kaninchen von Natur aus nie vor, es sei denn, es handelt sich um völlig weiße Tiere. Weißohrige Kaninchen waren bis Ende des 20. Jahrhunderts sehr selten. Man vermutet, dass sie das Ergebnis einer Mutation des Erbguts sind. Und ich hatte nun zwei Weißohren. Wie schön würden deren Jungtiere aussehen! Aber dazu mussten Friedrich und Tiffany sich vertragen. Für Friedrich wäre alles kein Problem gewesen, aber Tiffany war äußerst widerspenstig. Sie wimmerte (das können unzufriedene Kaninchen wirklich – vgl. Abschnitt Kaninchensprache) und jagte dem begeisterten, aber etwas trägen Friedrich davon. Ein unwilliges Kaninchen zu decken macht keinen Sinn. Auch hier muss man abwarten, bis das Tier seinen Eisprung hat. Außerdem war es noch so kalt, dass wir es für besser hielten, mit dem Nachwuchs noch etwas zu warten. (Wir haben bei unseren ganzjährig im Garten lebenden Kaninchen beobachtet, dass im Herbst/Winter kaum Paarungsbereitschaft vorhanden ist bzw. trotz Paarung kein Nachwuchs entsteht.) Deshalb setzten wir Tiffy in den Nachbarauslauf. So konnten sich die Tiere sehen und riechen und sich langsam aneinander gewöhnen. Als die ersten warmen Tage kamen, lagen die beiden dann oft Pelz an Pelz nebeneinander, nur noch durch den Maschendraht getrennt – und eines Tages löste Tiffy das Problem selbst, indem sie auf ihr Schlafhäuschen kletterte und einfach zu Friedrich sprang. Das Ergebnis seht ihr im Abschnitt Kaninchenhochzeit, vier reinweiße und blauäugige Wonneproppen und je ein Double von Mama und Papa …

Tiffy, Friedrichs aufmerksame und liebevolle Lebensgefährtin *Foto © Diana Bachmann*

Fusselmax,

haben wir auch noch. Dessen Geschichte ist aber so traurig, dass sie ein eigenes Kapitel (vgl. S. 38) verdient.

Fusselmax *Foto © Diana Bachmann*

Foto © camellia/Shutterstock.com

Über Geschmack lässt sich streiten!

Was schmeckt und bekommt Kaninchen?

Gift- oder Heilpflanzen?

Die Kübelpflanzen wurden aus ihrem Winterquartier geholt und gedankenlos aufgestellt. Plötzlich entdeckten wir Friedrich am giftigen Oleander fressend – zu spät! Das würde er nicht überleben …
Irrtum! Er wusste genau, wie viel davon ihm (wofür auch immer) guttat. Mehr als ein halbes Blättchen fraß er nie ... und er hatte auch nie die bei Stallkaninchen so gefürchteten Verdauungsprobleme, seine natürlichen Instinkte waren in Freiheit wiedererwacht. Irgendwann zogen alle Kaninchen in den Garten, der murrende Hausherr musste ausbruchsichere Gehege bauen.

Tiffis Nachtstall erhielt eine vor Regen schützende Kunststoffabdeckung, aber er stand so ungünstig am Hang, dass das Plastikdach bei jedem Hoppler der gern darauf herumturnenden Tiffy weiterrutschte. So musste umgebaut werden. Der riesige Stall wurde unter den untersten Ast eines Lebensbaums gequetscht. Und dann war Tiffy nicht mehr auffindbar. Wir entdeckten nur die riesige Stelle am Lebensbaumast, der die Rinde fehlte. Abgefressen!!! Erst kurz zuvor waren im benachbarten Haflingergestüt einige Pferde erbärmlich zugrunde gegangen, weil gedankenlose Dorfbewohner ihren Grünschnitt inklusive Lebensbaum auf die Koppel geworfen hatten. Wenn so große Tiere dadurch umgekommen waren, dann musste Tiffy einen schnellen und sicher sehr schmerzhaften Tod gestorben sein. Wir suchten das Tier, um es wenigstens zu beerdigen. Doch was entdeckten wir? Eine quietschvergnügte Tiffy friedlich im Schatten schlummernd.

Nach Lektüre dieses Abschnitts meinte meine Tierärztin, ich solle ihn mal lieber wieder aus meinem Manuskript verbannen, denn es gebe in ihrem Praxisalltag genügend dumme Hauskaninchen, die absolut nicht mehr wüssten, was ihnen guttut. Deshalb möchte ich anmerken, dass hier natürlich keine Anleitung zum Verfüttern giftiger Pflanzen gegeben werden soll; außerdem, dass ich mir nicht einbilde, die schlauesten Kaninchen Deutschlands zu haben. Aber scheinbar erwacht mitunter noch so viel Instinkt in einem artgerecht gehaltenen Tier, dass es sich nicht selbst umbringt, solange genügend Auswahl natürlicher und gesunder Nahrung zur Verfügung steht.

Über die Verdauung

Hilfreich für den Halter ist es auch, einige Grundkenntnisse darüber zu haben, wie die Verdauung seines Kaninchens funktioniert und welches Futter

Wenn Tiffy schläft, dient ihr ihre riesige Wamme als Ruhekissen *Foto © Diana Bachmann*

gesund erhält. Deshalb möchte ich, stark vereinfacht, den empfindlichen Verdauungstrakt der Kaninchen beschreiben.

Beginnen wir mit dem Mäulchen. Kaninchen haben gegenüber dem Menschen einen großen Vorteil: Ihre Zähne wachsen ständig nach. (Bin ich neidisch!) Sie benötigen deshalb eigentlich keinen Zahnarzt! Warum ist das so? In der Natur fressen

Nachhaltig füttern – viele Unkräuter und geschossener Salat aus dem Gemüsegarten, aber auch Obstbaum- und Beerenverschnitt sind eine willkommene Abwechslung auf dem Speiseplan

Foto © Diana Bachmann

Kaninchen frische und getrocknete Pflanzen und Blätter, knabbern Ästchen, nagen Rinde. Sie lieben und benötigen also eine faserreiche Nahrung. Hierdurch nutzen sich die Kaninchenzähne so stark ab, dass es gut ist, wenn diese nachwachsen.
Der Magen reicht zum Verdauen dieser schwer verdaulichen Kost nicht aus, daher ist der Blinddarm der Hauptverdauungsbereich der Kaninchen, in dem mithilfe der hoffentlich gesunden Darmflora der Nahrungsbrei aufgeschlossen wird. Aus dem Blinddarm wird die so verdaute Nahrung an den Dickdarm weitergegeben. Damit die frei gewordenen Nährstoffe dem Körper zugutekommen können, müssen die Tiere den Nahrungsbrei nochmals aufnehmen. Sie scheiden ihn als weiche Kotbröckchen aus und schlucken ihn danach direkt wieder; die Nährstoffaufnahme erfolgt bei der nächsten Dünndarmpassage. Das Fressen des Kots ist lebensnotwendig! Der endgültige Kot besteht aus harten Kotkugeln, denen man ihren Gehalt an unverdaulichen Faserrückständen ansieht.

Merke: Kaninchen sollten immer Nahrung zur Verfügung haben und niemals ihre Näpfe völlig leer futtern müssen.

So weit – so gut. Wenn es hier nicht noch ein Problem gäbe: Im Gegensatz zum Menschen, dessen Verdauungsapparat den Nahrungsbrei eigenständig bewegt, besitzen Kaninchen einen sehr trägen Darm. Es muss ständig Nahrung nachkommen, damit der Darm in Bewegung bleibt und der Verdauungsvorgang funktioniert. Kaninchen sollten also immer Nahrung zur Verfügung haben und niemals ihre Näpfe völlig leer futtern müssen.
Wandern Pellets oder andere handelsübliche Kaninchenfuttermischungen in großen Mengen in den Kaninchenmagen, quellen sie dort zu mehrfachem Volumen auf und das Kaninchen liegt viel zu lange Zeit träge und übersatt herum. Die Gefahr, dass die Verdauung dadurch zum Erliegen kommt, ist besonders bei jungen Tieren ziemlich groß.
Bekommen erwachsene Tiere den industriell zerkleinerten, erhitzten und gepressten Abfallmix, dem oft noch für Frauchens Auge Farbstoffe und für Kaninchens Nase Zucker und Lockstoffe (muss nicht in der Zutatenliste angegeben werden) zugesetzt wurden, fressen sie begeistert und schnell, denn Nagen oder mühevolles Zermahlen der „Fastfood"-Mahlzeit ist nicht nötig. Der Brei liegt im Verdauungstrakt, quillt auf und macht satt. Das Tier verspürt lange Zeit keinen Appetit und bewegt sich deshalb nicht. Der hohe Stärke- und Fettgehalt über längere Zeit führt zu einer Veränderung der Darmflora und der Leber des Tiers. Das Tier wird dick und krank. Erhalten die Tiere hingegen schwer verdauliche, faserreiche Kost, wie in ihrem natürlichen Lebensraum auch, fressen sie viel häufiger und bewegen sich demzufolge viel mehr, was für ihren trägen Verdauungsapparat gut ist, denn der Transport der Nahrung wird durch den dann ständig nachkommenden Nahrungsbrei vorangetrieben.
Bei Mensch und Tier wird der Darm von unzähligen Mikroorganismen und Pilzen besiedelt. Diese Darmflora sorgt für ein gesundes Immunsystem. Mensch und Tier können durch eine gesunde und natürliche Ernährung viel dazu beitragen, dass dieses Gleichgewicht nicht gestört wird. Bei Kaninchen genügt mitunter schon eine abrupte Futterumstellung, um die Verdauung aus dem Takt zu bringen. Dann können eventuell im Darm des Kaninchens vorkommende Kokzidien (vgl. Abschnitt Krankheiten) ganz schnell die Oberhand gewinnen und den Verdauungsvorgang stören. Fressunlust, Blähungen oder Durchfälle sind die Folge. Wird hier nicht rechtzeitig der Tierarzt besucht, kann das bis zum Tod des Tiers führen.
Wandeln wir unsere menschliche Ernährungspyramide also so ab, dass eine tierische Ernährungspyramide entsteht.

Für Wiesenkräuter lassen Kaninchen alles andere stehen und liegen *Foto © Diana Bachmann*

Dieses Futter sollte ein Kaninchen angeboten bekommen

- **Sehr wenig:** Haferflocken, Sonnenblumenkerne, Leinsamen
- **Wenig:** Obst, vor allem zuckerreiche Sorten, meiden
- **Ordentlich:** vielfältiges Gemüseangebot
- in verschiedenen Farben
- **Viel:** Knollen (Rüben) und Wurzeln, Zweige
- **Sehr viel:** Gräser, Blätter, (Un-)Kräuter
- **Immer:** gutes Heu, frisches Trinkwasser

Was alles als Kaninchenfutter gut geeignet ist

Alle Arten von Salat, gern auch Chicoree, Knollensellerie, Stangensellerie, Pastinake, Petersilienwurzel, Kohlrübe, Futterrübe, Fenchel, Möhren in allen Farben, Möhrengrün, Radieschengrün, Kohlrabiblätter (in kleinen Mengen), Brokkoli, Brokkoliblätter, Rosenkohl, Pak Choi, Feldsalat, Apfel, Heidelbeeren, Birne (wenig!), Löwenzahn, Spitz- und Breitwegerich Äste von Obstbäumen, Haselnussstrauch mit seinen Blüten im Winter, Laub einheimischer Obstbäume, auch getrocknet, Wassermelone und Gurke erfrischen im Sommer, Süßkirsche, Winde zerschnitten, Frauenmantel, Rosenblätter und -blüten, Hagebutten, Gänsedistel, Klee, Kornblumen, Scharfgarbe, Sonnenblume, auch einmal eine komplette Ähre reifes Korn, Malve, etwas Hirse, Wiesenbärenklau, junge Himbeertriebe und Blätter, Erdbeerblätter, Sauerampfer, Topinambur … Aber bei jeder nicht regelmäßig gegebenen Nahrung erst langsam anfüttern!

Kaninchen mögen ihr Futter abwechslungsreich und bunt *Foto © Diana Bachmann*

Von solch einer artenreiche Wiese gewinnt man bei schonender Bearbeitung und Trocknung Heu in Spitzenqualität *Foto © Diana Bachmann*

Kleine Heukunde für mehr Nachhaltigkeit

Wenn du Wiese abschneidest und in der Sonne liegen lässt, wird daraus Heu. Du musst es nur hin und wieder vorsichtig umwenden, damit es gleichmäßig trocknet und Schimmel keine Chance hat. Je länger das Gras in der Sonne liegt, umso mehr verliert es seine grüne Farbe. (Wenn du grünes Heu kaufst, wurde dieses künstlich in speziellen Industrieanlagen getrocknet.) Nur hineinregnen sollte es nicht. Der Regen verzögert den Trocknungsprozess und raubt wichtige Pflanzenstoffe. Das sieht man dann an der Heufarbe, die immer blasser wird. Decke es also mit einer Plane ab, bevor das Gewitter kommt.

Wozu dieser Aufwand, wenn es doch überall Heu so billig zu kaufen gibt?

Maschinell geerntetes Heu verliert einen Teil seiner wertvollsten Bestandteile, nämlich Blättchen, Kräuter und Blüten oft noch auf dem Feld, wenn große Maschinen es wenden, schwaden (= zu Haufen zusammenfügen) und pressen, denn die Halme der Pflanzen sind deutlich robuster als die Blätter, die im getrockneten Zustand rasch abbrechen. Und die Umweltbilanz bei deiner Handarbeit ist sowieso unübertreffbar.

Du hast keine eigene Wiese oder willst nicht auf den englischen Rasen verzichten? Dann peppe dein gekauftes Heu auf, indem du Kräuter und Blüten sammelst, diese an sonnigem Platz trocknest und schließlich dem Heu hinzufügst. Deine Tiere werden begeistert sein! Zur Herstellung eines leckeren Heu-Kräuter-Blumenmixes sind die Blüten von Kornblumen, Malven und Ringelblumen gut geeignet. Sie wachsen übrigens auch in jedem Topf oder Blumenkasten. Wild sammeln kannst du die Blüten von Gänseblümchen, Löwenzahn und Schafgarbe. Spitz- und Breitwegerich, Oregano, Taub- und Brennnessel geben der Mischung gesunde Inhaltsstoffe für die Verdauung. Auch die Blätter abgeernteter Erd- und Himbeeren dürfen verwendet werden.

Die Heuraufe sollte nachgefüllt werden, bevor sie leer ist, denn übrig gebliebenes Heu enthält oft die Pflanzen, die die Tiere nicht gut vertragen würden. Du musst also nicht jede Pflanze deiner Futterwiese kennen, da deine Kaninchen bei ausreichender Versorgung die richtigen Pflanzen fressen.

Die Heuraufe sollte nachgefüllt werden, bevor sie leer ist

Foto © Shutterstock/Oleksandr Lytvynenko

Ganz wichtig: Heu muss mindestens vier Wochen luftig an dunklem Ort gelagert werden, bevor du es verfütterst. Verstaue es also in einem Jutesack oder in einem ausrangierten Bettwäschebezug, damit die Restfeuchte entweichen kann und keine aktiven Bakterien mehr vorhanden sind, die die Verdauung der Tiere stören könnten.

Maschinelle Heuernte

Foto © Diana Bachmann

Diese Hellen Großsilber Kaninchen werden weitgehend artgerecht gehalten

Fotos © Diana Bachmann

Artgerechte Kaninchenhaltung

Deinen Tieren soll es gut gehen. Du möchtest dich um eine artgerechte Kaninchenhaltung bemühen. Du informierst dich. Fragst in einschlägigen Foren nach. Und wirst immer unsicherer. Deine Kaninchen – keine Nagetiere, obwohl ihre Nagezähne doch nicht zu übersehen sind? Deine Kaninchen dürfen keinesfalls Körner fressen, weil diese gefährlich sind? Deine Kaninchen sollen nicht auf der Wiese sitzen, weil sie sonst giftige Pflanzen fressen könnten und Zecken bekommen? Nasses Gras darf nicht gefressen werden, weil deine Tiere sonst krank werden? Also am besten gar kein Grünfutter mehr, um auf Nummer sicher zu gehen? – Je mehr du liest, umso unsicherer wirst du und fragst dich: Was ist artgerecht für meine Kaninchen?

Lass dich nicht verunsichern. Der gesunde Menschenverstand hilft: Artgerecht ist eine Haltung, die dem Leben der Kaninchen in der Natur möglichst nahekommt, aber auch berücksichtigt, dass manche unserer Hauskaninchenrassen mittlerweile Kaninchen mit Handicap sind, denn Schlappohren hören schlecht, rote Augen sehen meist schlechter, deformierte Schnurrhaare erschweren die Orientierung und manch kuscheligem Schmusefell sind isolierende und wasserabweisende Eigenschaften weggezüchtet worden.

Merke: Artgerecht ist eine Haltung, die dem Leben der Kaninchen in der Natur möglichst nahekommt …

Auch wenn deine Kaninchen keine Nagetiere sind, nagen sie gern und können sich stundenlang mit dem Abfressen zarter Blätter und dem Abnagen grober Rinde von Ästen beschäftigen. Büsche sind in der Natur fester Bestandteil ihres Lebensraums. Haben Kaninchen Durst, trinken sie aus Pfützen. Sind alle Pfützen ausgetrocknet, werden morgendliche Tautropfen von den Blättern geleckt, um den Durst zu stillen. Deshalb ist für Kaninchen das Trinken aus Napf und Flasche möglich. Und nasses Gras ist Teil ihrer natürlichen Umgebung. (Allerdings kein stundenlang auf einem Haufen liegendes nasses Gras, in dessen Innerem sich Mikroorganismen schon so stark vermehrt haben, dass es sich warm anfühlt.) Ein gesundes Kaninchen mit natürlicher Haarlänge pflegt seinen Pelz so gut, dass Zecken keine Chance haben. Und Getreide? Auch daran wird geknabbert, wenn irgendwo ein paar Hälmchen wachsen …

Märchen vom bösen Getreide und den guten Saaten

Du hast eine ganz besondere Leckerei gekauft, denn sie ist zu hundert Prozent natürlich und garantiert getreidefrei. Denn Getreide soll ja so schädlich für die Tiere sein. Saaten hingegen seien total gesund. Aber was sind Saaten? Du googelst und stellst verwundert fest, es handelt sich schlicht und einfach um Samen. Komisch. Sind Körner nicht auch der Samen des Getreides? Irgendetwas stimmt hier wohl nicht! Samen sind Bestandteil der Nahrung wild lebender Kaninchen. Diese bewegen sich viel, ziehen mehrere Würfe auf und müssen den Mangel und die Kälte im Winter überleben. Bei solch einem erhöhten Energieverbrauch sind die spätsommerlichen Getreideähren, herabfallende Sonnenblumenkerne, energiereiche Wurzeln und Knollen mitunter überlebensnotwendig. Bis zum Winter müssen schließlich Fettreserven angefuttert werden. Unsere Hauskaninchen bewegen sich deutlich weniger, ziehen wenig oder keine Jungtiere auf und wählen aus einem ständig bereitstehenden Überangebot an Nahrung. Kalorienreiche Nahrung, wie Saaten, werden sehr gern gefressen, Kaninchen weiß ja nicht, dass in der Wohnung kein Winter kommt und dass Kaninchenmamas und -papas Herz zwar über Kaninchenbabys entzückt wäre, die Wohnung aber platzmäßig beschränkt ist.

Hafer, als komplette Pflanze verfüttert, ist eine wertvolle Futterergänzung

Foto © Diana Bachmann

Hauskaninchen, die im Freien gehalten werden und im Winter durch den tiefen Schnee hoppeln, bevor sie sich im dick eingestreuten Stall wieder aneinanderkuscheln, dürfen gerade in dieser Jahreszeit täglich Saaten naschen. Für Wohnungskaninchen sollten Saaten jedoch nur in kleinsten Mengen als Leckerchen oder zur Unterstützung des Fellwechsels gegeben werden (vgl. Kaninchenbackbuch). Und Saaten sind nicht gleich Saaten.
Getreidekörner (Mehlsaaten) machen wegen ihres hohen Stärkegehalts besonders satt und dick. Eine komplette Getreidepflanze enthält aber auch viele wertvolle faserreiche Bestandteile und wird von den Tieren gern einmal gefressen. Bei erhöhtem Energiebedarf kann eine regelmäßige Nahrungsergänzung erfolgen. Weizen und Roggen werden allerdings schlecht vertragen. Haferflocken (= gequetschtes ganzes Korn) helfen hingegen sehr gut, den Energiebedarf bei Frost, Trächtigkeit und Krankheit zu decken.
Auch Ölsaaten machen dick. Sie enthalten allerdings so wertvolle Inhaltstoffe, dass man sie als Leckerchen nutzen sollte. Sonnenblumenkerne lieben die Tiere über alles. Und sie sind auch besser verträglich als die allgemein zur Belohnung der Tiere verwendeten schwer verdaulichen Erbsflocken.

Ist mein Kaninchen schon zu dick?

Fühlst du über den Rücken, solltest du die Rippen spüren können. Ein schlankes und sportliches Kaninchen hoppelt neugierig umher, springt ohne

Bewegung hält schlank

Fotos © Diana Bachmann

Mühe auf Stuhl und Couch, betreibt ausführlich Körperpflege und hat durch die viele Bewegung Krallen, die nicht oder nur selten geschnitten werden müssen.

Durststrecken lassen sich vermeiden!

Noch im vergangenen Jahrhundert war es eine weitverbreitete Unsitte, Kaninchen nicht zu tränken, denn schließlich habe Grünfutter genügend Feuchtigkeit. Ein fataler Irrtum, wenn man sieht, wie viel Kaninchen trinken. Besonders im Sommer und während der Aufzucht von Jungtieren steigt der Flüssigkeitsbedarf enorm an. Der Handel bietet kunterbunte Flaschenvielfalt mit allen möglichen Befestigungssystemen.
Vorteil der Flasche ist, dass das Kaninchen sein Trinkwasser nicht verschütten oder verunreinigen kann. Nachteil ist, dass sich in den Flaschen schnell Algen bilden, die durch den meist zu engen Flaschenhals kaum zu beseitigen sind. Die meisten Hersteller haben wohl nicht daran gedacht, einen Flaschenhals wenigstens flaschenbürstentauglich zu gestalten. Außerdem heizen sich die Flaschen bei Außenhaltung im Sommer sehr schnell auf bzw. frieren im Winter vorzeitig ein. Die Kopfhaltung der Kaninchen beim Trinken ist bei ungünstig angebrachten Tränken wenig naturnah; wie es sich für das Tier anfühlt, wenn seine Zähne ziemlich lange

Egal ob Trinkflasche ... *Foto © Shutterstock/MrLeefoto*

am Metall arbeiten müssen, um in den Genuss einer größeren Menge Trinkwasser zu kommen, wissen wir nicht.
Entscheidet man sich für einen Wassernapf, sollte dieser sehr schwer sein und eine große Standfläche haben, denn Kaninchen räumen ihre Gehege auf, wobei ein zu leichter Wassernapf garantiert umgeworfen wird. Auch die Gefahr der Verunreinigung ist sehr hoch. Die Trinkhaltung allerdings entspricht viel eher dem Trinken aus einer natürlichen Pfütze. Große Tonnäpfe werden von unseren Kaninchen im Sommer auch gern zum Kühlen genutzt. Tiffy legt mitunter sogar die Vorderpfoten ins kühlende Nass. Wir stellen unseren Kaninchen Flasche und Wassernapf zur Verfügung. Besonders die säugenden Häsinnen bevorzugen das schnelle Trinken aus dem Napf.

... oder Wassernapf. Beide haben ihre Vor- und Nachteile *Foto © Shutterstock/MrLeefoto*

Tipps zur gesunden Kaninchenernährung

1 Plötzliche Ernährungsumstellungen unbedingt vermeiden! An neues Futter muss sich der empfindliche Kaninchenmagen erst langsam gewöhnen. Besonders Kaninchen im Alter von circa drei Monaten sind sehr empfindlich. Verfüttere lieber mehrere kleine Portionen verschiedener Futtersorten als eine einzige Sorte in großen Mengen.

2 Nur unverdorbenes Gemüse und wenig Obst geben!

3 Grünfutter darf nicht schwitzen, sollte nicht verschmutzt vom Straßenrand oder von der Hundewiese geholt werden. Am besten, das Kaninchen darf sich selbst im eigenen Garten bedienen.

4 Vorsicht bei Kohl! Zu hoher Kalziumgehalt kann zu Blasensteinen führen, wenn er regelmäßig und in größeren Mengen verfüttert wird.

Foto © Shutterstock/Arlee.P

5 Nicht nur bei Herrchen/Frauchen gilt: Im Garten buddelnde Schwerstarbeiter und Stillende dürfen mehr Kalorien zu sich nehmen als Käfighocker (die es hoffentlich irgendwann einmal gar nicht mehr gibt!). Bei Außentemperaturen unter null Grad Celsius verbrennen Kaninchen trotz dickem Pelzmantel auch mehr Kalorien. Ein Teelöffel Haferflocken am Tag sind dann ein Hochgenuss für Mümmelfrau bzw. -mann.

6 Kaninchen benötigen immer Trinkwasser! Besonders im Sommer steigt der Flüssigkeitsbedarf enorm.

7 Milch dürfen Kaninchen nicht trinken.

8 Kaninchen sollten nicht „aufessen müssen". Kalorienarmes Futter, wie Heu, Gräser und Kräuter, sollte immer zur Verfügung stehen.

9 Man muss nicht extra einkaufen. Ernährt sich die Familie gesund und kocht selbst, können dem Tier alle frischen Gemüseabfälle angeboten werden. Vor dem Schälen das Gemüse waschen, damit die verfütterten Schalen keine unliebsamen Rückstände der Vorbehandlung enthalten. Vorsicht bei Nachtschattengewächsen, die Kartoffelkeime sollten unbedingt entfernt werden! Auch Erbsen und deren Schoten können zu Beschwerden führen. Meine Kaninchen mögen und erkennen übrigens „Bio"! Sie könnten glatt für Ökotest arbeiten.

10 Balkonkaninchen lieben Geranien …

Merke: Man muss nicht extra einkaufen. Ernährt sich die Familie gesund und kocht selbst, können dem Tier alle frischen Gemüseabfälle angeboten werden.

Kaninchenhochzeit

Es ist verlockend, einmal selbst Tierkinder großzuziehen. Vorher sollte man aber bedenken, was mit den vier bis zwölf (bei meinen Kaninchen sind es meist sechs bis acht) Kaninchenkindern geschehen soll, wenn sie erwachsen sind. Ein Bauer freut sich über den nachwachsenden Braten – aber was macht man mit acht Zwergkaninchen in einer Stadtwohnung?

Friedrich wurde Vater einiger entzückender Kaninchenbabys.

Mit Tiffani, der Mutter seiner Kinder, verstand er sich fantastisch. Sobald aber der Geburtstermin näherrückte, knurrte sie ihren Partner an, ja sie versuchte ihn sogar wegzubeißen. So trennten wir die beiden Tiere. Tiffy bekam eine Wurfbox in ihren geschützten Nachtstall gestellt, tags war sie durch einen ein Meter hohen Zaun von Friedrich getrennt. (Normalerweise reicht diese Höhe völlig aus.)

Kaninchenbabys werden in der Regel nach 29–33 Tagen nackt und blind geboren. Sie sind ziemlich hilf- und orientierungslos. Deshalb baut die Kaninchenmutter aus Stroh und Heu ein von oben geschlossen wirkendes Nest, das sie dick mit Wolle auspolstert, die sie sich selbst ausrupft, vor allem an Bauch und Hals. Je nach Umgebungstemperatur öffnet sie das Nest, damit die Kleinen nicht überhit-

mit Folgen

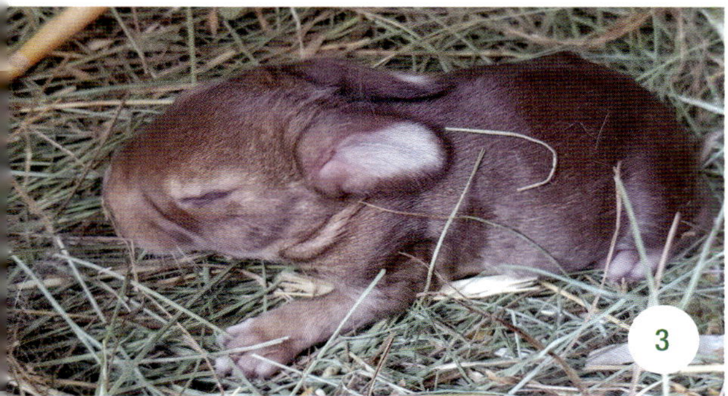

Bilder 1a und 1b:
Friedrich und Tiffany in Liebe und Harmonie

Bild 2:
Satt und zufrieden liegen die Kleinen im Nest

Bild 3:
Dieser kleine Bursche ist sieben Tage alt

Bild 4:
Nur wenige Tage später öffnet er seine Äuglein

Fotos © Diana Bachmann

zen, bzw. rupft sie Wolle nach, wenn es sehr kalt ist. Eine erfahrene Kaninchenmutter sorgt auch bei plötzlich im Frühling hereinbrechenden Minusgraden dafür, dass ihre Kleinen nicht erfrieren.
Die meisten Kaninchenmütter besitzen sechs Zitzen. Bei Zwergkaninchen können es auch nur vier sein; unsere Riesenschecke Wilma hatte sogar zehn. Sind mehr Babys als Zitzen vorhanden, geht nun der Kampf um die Milchquelle los. Schon bei der leisesten Berührung des Nestes denken die hungrigsten Babys, es könnte Mamis Bauch sein – und hüpfen hoch, um möglichst als Erste an die Milchquelle zu kommen. Dabei kann es schon einmal passieren, dass ein Kleines den Rückweg ins wärmende Nest nicht findet. Deshalb sollte man in der ersten Woche so wenig wie möglich stören und lediglich herausgefallene lebende Jungtiere vorsichtig zurücksetzen. Ich mache erst am dritten Tag nach der Geburt einmal eine Nestkontrolle. Davor streichle ich ausgiebig meine Kaninchenmutti, damit die Jungtiere nur ihren und meinen Geruch annehmen. Dann öffne ich vorsichtig das Nest, lege alle Babys in ein mit Heu ausgepolstertes Körbchen, schaue, ob ein totes Jungtier im Nest liegt, fühle, ob das Nest warm und trocken ist, packe dann alle Kinderchen zurück und verschließe das Nest sorgfältig. Sehr zahme und entspannte Häsinnen schauen dabei zu, während sie ihr Lieblingsleckerchen knuspern; ängstliche oder aufgeregte Mütter werden kurz außer Hörweite untergebracht, denn die sonst sehr stillen Kleinen geben den einen oder anderen unzufriedenen Quietscher von sich, wenn der Mensch stört. Nach einer Woche besitzen die Kleinen ein zartes Fellchen, nach eineinhalb bis zwei Wochen öffnen sie ihre Äuglein. Sehr satte und zufriedene Kaninchenbabys erkennst du an prall gefüllten Bäuchlein und straff gespannter Haut. Sie bleiben auch gern mal bis zu drei Wochen im Nest und genießen die mütterliche Fürsorge. Ist die Milch knapp, versuchen die Babys manchmal

Suchbild:
je eine Kleinausgabe von Friedrich und Tiffy und vier weiße Jungtiere mit strahlend blauen Augen. Wo sie die nur herhaben?

Foto © Diana Bachmann

Tiffy säugt ihre Jungtiere, die eigentlich schon viel zu groß dafür sind

Foto © Diana Bachmann

schon mit zehn Tagen, noch unsicher auf dem Bauch robbend, die mütterliche Milchquelle zu finden.
Damit die Kaninchenmutter genügend Milch produziert, muss sie äußerst abwechslungs- und vitaminreich ernährt werden. Sie trinkt während der Stillzeit so viel, dass man in dieser Zeit Flasche und Wassernapf anbieten sollte. Plötzliche Nahrungsumstellungen müssen unbedingt vermieden werden. Die Kaninchentoilette muss weit von der Futterstelle entfernt sein, denn mit Kot verschmutztes Futter kann zu der gefürchteten Kokzidiose führen.
Eine Kaninchenmutter säugt ihre Jungen nur einmal am Tag, sagt die Fachliteratur. Tiffy hat nie ein Fachbuch gelesen. Sie stillt zweimal am Tag: frühzeitig und bei Einbruch der Dämmerung. Während des Stillens lecken Kaninchenmütter all das ab, was zur Verschmutzung des Nestes führen könnte. Normalerweise versorgen Kaninchen ihre Jungen heimlich, wenn kein Mensch zuschaut. Also keine Angst vor entspannt und weit entfernt vom Nest liegenden Müttern. Sie kümmern sich!
Im Alter von frühestens acht Wochen kann man Mutter und Jungtiere trennen, manchmal ist es dann auch bitter notwendig, wenn die Kleinen ihre Mutter pausenlos bedrängen, weil es ja so schön bequem ist, von Mutti betüttelt zu werden … und dann heißt es noch, man solle Tiere nicht vermenschlichen! Tiffy und Friedrich haben alles dafür getan, sodass es uns schwerfiel, uns an diese Regel zu halten. Nachdem Tiffys Nachwuchs etwa 14 Tage alt war, sprang sie plötzlich über den sie und ihre Kinder schützenden Zaun und besuchte den glücklicherweise inzwischen kastrierten Friedrich. (Kaninchen können schon kurz nach der Geburt wieder schwanger werden!) Ich habe diese unglaubliche Leistung gefilmt (vgl. Instagram). Voller Wiedersehensfreude putzten sich die beiden und schmusten – und wir waren entsetzt. Würde sie jetzt ihre Jungen vergessen und verhungern lassen? Sollten wir eingreifen? Doch dann, es war Sommer und wir tranken gerade ein Gläschen Wein, unschlüssig über obige Frage nachdenkend, hoppelte Tiffy plötzlich los, übersprang wiederum den Zaun und kehrte für die Nacht zu ihren Jungen zurück. So geschah es fortan jeden Tag.
Wie lange Kaninchen stillen? Ich weiß es nicht. Nachdem Tiffy fleißig und ungehindert ihren mütterlichen Pflichten so lange nachging, bis „die Kleinen“ fast so groß wie sie selbst waren, beschlossen wir, zu ihrem Schutz einzuschreiten. Die Jungtiere wurden für ein paar Tage in unsere festen Ställe gesperrt, die eigentlich der Quarantäne neu aufgenommener Kaninchen dienen.
Übrigens: Da ihre Kinder recht frei umherhoppelten, nutzte Tiffy den Alarmlaut der Kaninchen, nämlich das Klopfen mit den Hinterbeinen, um ihre Schar zusammenzurufen. Trotz der Größe der „Halbstarken“ versuchte sie während des Stillens die Bande sauber zu lecken.

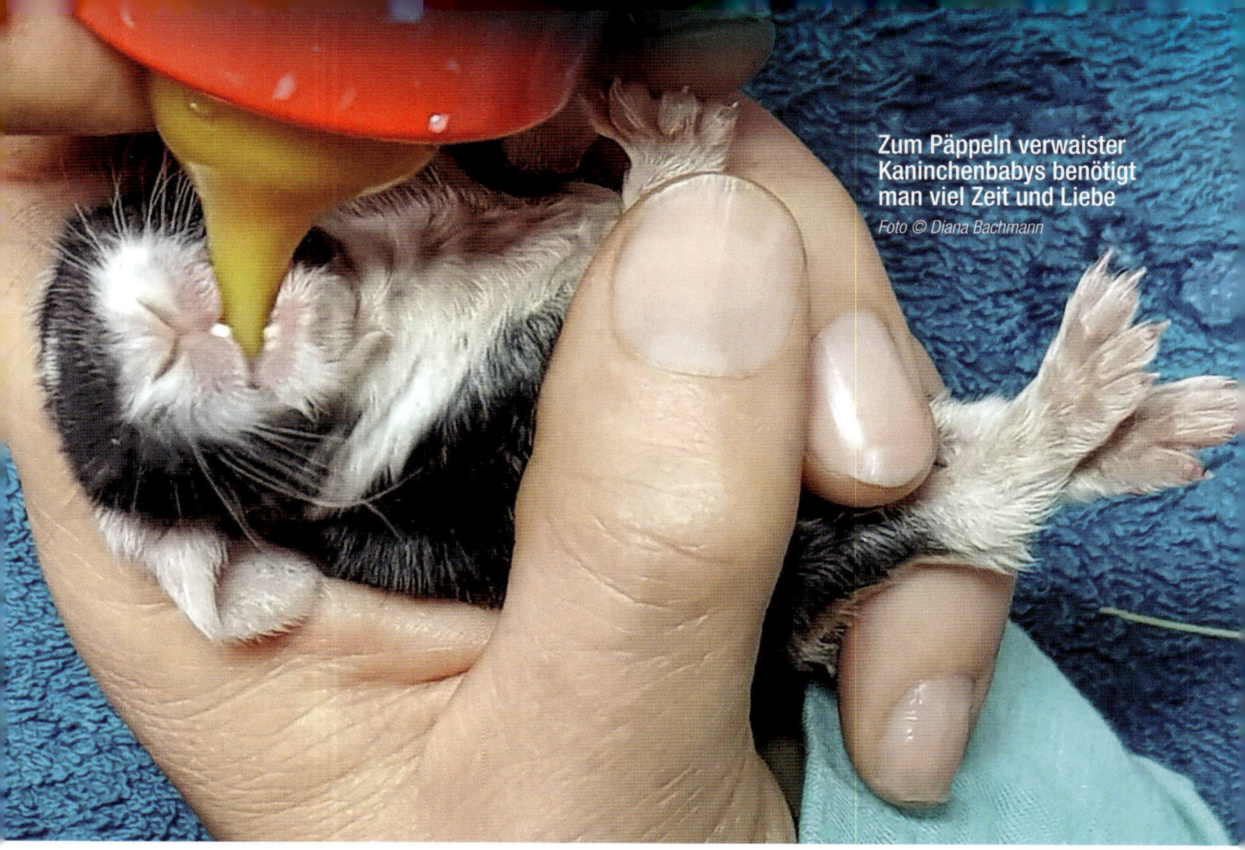

Zum Päppeln verwaister Kaninchenbabys benötigt man viel Zeit und Liebe
Foto © Diana Bachmann

SOS Kaninchen in Gefahr?

Von Kindern und Waisenkindern

Wenn die Kaninchenmutter die Geburt hinter sich hat, ist sie oft erst einmal so erschöpft, dass sie einfach nur ihre Ruhe haben möchte. Das sollte man akzeptieren.
Die ersten 24 Stunden benötigen die Kleinen noch keine Milch. Jede unnötige Störung aus Sorge, die Kleinen bekämen nicht genug Milch, schadet, denn eine nervöse Mutter neigt eher dazu, ihre Kinder zu vernachlässigen.

Sollte man einmal verwaiste Jungtiere vorfinden, kann man, wenn man genügend Zeit opfert, eine Handaufzucht versuchen.
Dafür benötigt man Katzenaufzuchtmilch (= Milchpulver, gibt es in Tierhandlungen), Kamillentee und Saab simplex. (Ist dies zum Beispiel an einem Wochenende nicht aufzutreiben, kann man auch kurzzeitig aus Haferflocken und Wasser mit einer Messerspitze Traubenzucker einen

Brei kochen, der durch ein Sieb gegossen wird. Diese Flüssigkeit hilft den Jungtieren aber nur kurzfristig, zu überleben. Kuhmilch oder Säuglingsmilch wird wegen der enthaltenen Laktose nicht vertragen.
Die Katzenaufzuchtmilch in den warmen Kamillentee einrühren und mit einem Tropfen Saab simplex pro Tier vermengen (in der Regel mischt man einen gestrichenen Esslöffel Milchpulver mit drei Esslöffeln Tee).
Die lauwarme Mischung anfangs alle zwei Stunden und mindestens einmal in der Nacht vorsichtig mit einer 1-ml-Spritze seitlich ins Mäulchen tropfen. Die Kleinen benötigen eine Weile, bis sie begriffen haben, dass diese harte Ersatzzitze Milch gibt. Im Fachhandel gibt es auch spezielle Nuckelfläschchen, die weiterhelfen, sobald die Kleinen freiwillig saugen. Wenn die Babys gut trinken, kann man die Fütterintervalle nach und nach auf drei, dann vier Stunden erhöhen.
Nach jeder Mahlzeit die Bäuchlein zart massieren, dadurch vermeidet man Blähungen und regt den Stuhlgang an.
Warum dieser Stress mit den häufigen Mahlzeiten, wo doch Kaninchenmütter nur so selten stillen? Wir sind nur Ersatzmütter mit einer Notmilch. Das setzt den kleinen Körperchen zu. Und durch viele kleine Mahlzeiten fällt das Verdauen der Notmilch wesentlich leichter.

So unterschiedlich groß können die Jungtiere eines Wurfes sein *Foto © Diana Bachmann*

Kaninchens Hausapotheke enthält ...

- **Rodicare,** ein pflanzliches Alleinfuttermittel, das Rohfasern und Vitamine enthält und vorübergehend zur Zwangsernährung nicht fressender Tiere verwendet wird, denn ein Kaninchen hat eine sehr empfindliche Verdauung und fängt in der Regel nicht von allein wieder zu fressen an, wenn es einmal krank ist.
- **MEP-Tropfen,** eigentlich ein verschreibungspflichtiges Medikament für Menschen. Hat das Tier einen Blähbauch, hilft oft ein Tropfen davon, um die Verdauung wieder in Schwung zu bringen.
- **Krallenzange**, denn bei in der Wohnung gehaltenen oder alten Tieren nutzen sich die Krallen nur unzureichend ab.

Kaninchens Impfausweis

enthält Eintragungen zu Impfungen gegen die unheilbaren und schnell zum Tod führenden Seuchen Myxomatose, RHD1 und RHD2.

Erste Hilfe

1. Mein Kaninchen knirscht mit den Zähnen.
Das Tier hat starke Schmerzen und muss zum Tierarzt.

2. Der Stuhlgang meines Tieres ist blutig.
Sieh genau hin und denke nach! Hast du Rote Beete gefüttert? Sie färben erschreckend.

3. Mein Kaninchen magert ab, hat ein stumpfes Fell, obwohl es gierig frisst.
Beobachte, ob es wirklich schluckt. Schau dir die Schneide- und Backenzähne an. Diese müssen gerade sein und im Mäulchen Platz haben. Oft sind unbemerkte Zahnfehlstellungen die Ursache, dass ein Kaninchen nicht mehr genügend Nahrung aufnehmen kann. Gerade Zwergkaninchen sind oft von diesem Problem betroffen, da sie so gezüchtet wurden, dass sie dem Kindchenschema entsprechen: große Augen, kurze Nase und damit auch wenig Platz im Mäulchen.

4. Mein Kaninchen frisst Kot!
Das ist ein völlig natürliches Verhalten und darf nicht unterbunden werden (vgl. Seite 14).

5. Mein Kaninchen zuckt beim Fressen am Körper.
Keine Sorge, es ist nur etwas aufgeregt, weil es so schönes Futter bekommt, dass es gar nicht weiß, was es zuerst fressen soll – und der Partner könnte ja etwas Leckeres mopsen.

6. Mein Kaninchen kratzt sich sehr häufig. Besonders intensiv kratzt es mit dem Hinterlauf im Ohr.
In diesem Fall sollte man in die Ohren schauen, denn mögliches Ungeziefer liebt Kaninchenohren. Sind rote Flecken oder kleine Schwellungen vorhanden, weist dies auf Bissstellen von blutsaugenden Parasiten hin. Riecht das Ohr unangenehm, kann aber auch eine Ohrenentzündung die Ursache sein. Bei Widderkaninchen kommt dies häufiger vor, also lieber gleich zum Tierarzt gehen.

7. Hat mein Tier Kreislaufprobleme? Es hält den Kopf schief, dreht sich im Kreis oder kann nicht mehr aufstehen.
Bei diesen Symptomen muss das Kaninchen sofort zum Arzt. Es handelt sich um die parasitäre Nervenerkrankung Enzephalitozoon cuniculi (EC), hier muss eine mehrwöchige Therapie so früh wie möglich beginnen.

8. Mein Kaninchen frisst nicht.
Dafür gibt es die unterschiedlichsten Ursachen. Allen gemein ist, dass Kaninchen, wenn ihre Verdauung erst einmal zum Erliegen gekommen ist, von selbst kaum wieder zu fressen beginnen. Hat der Tierarzt die Ursache behoben, ist oft eine vorübergehende Zwangsernährung nötig, bis der Nahrungstransport wieder von selbst funktioniert (Stopfdarm!).

Kranke Kaninchen sollen möglichst schnell einem Tierarzt vorgestellt werden
Foto © Shutterstock/GrashAlex

9. Mein Kaninchen hat Durchfall.
Bei Durchfall muss überlegt werden, welche neuen Nahrungsbestandteile gefüttert wurden. Diese werden sofort abgesetzt. Eine Heu-Wasser-Diät sollte das Problem innerhalb weniger Stunden lösen. Hält der Durchfall an, muss ein Tierarzt aufgesucht werden; dieser kann anhand einer Kotprobe feststellen, was die Ursache ist. Kokzidiose in einem frühen Stadium kann sehr gut medikamentös behandelt werden.

10. Können Kaninchen weinen?
Nur, wenn der Tränenkanal verstopft ist. Große Rassen und Widderkaninchen sind recht häufig betroffen. Ein Tierarztbesuch ist nötig.

11. Bekommt mein Kaninchen Glatze?
Nein, der meist kreisrunde Haarausfall, der häufiger bei Langhaarrassen vorkommt, ist eine Pilzerkrankung, die behandelt werden muss, ehe sich tierische und menschliche Familienmitglieder anstecken.

12. Mein Kaninchen niest, bekommt schlecht Luft.
Zugluft, warme Heizungsluft und Stress können zu Atemwegserkrankungen führen, die behandelt werden müssen. Die Ursache muss unbedingt herausgefunden werden!
Einige wenige Nieser an heißen Tagen bei Außenhaltung zeigen, dass dem Kaninchen zu warm ist. Hier sofort kühle und schattige Plätze schaffen. Ein feuchtes Fleckchen Erde, ein nasses Handtuch und ein großer Keramiknapf mit kühlem Wasser helfen.

13. Mein Kaninchen bekommt seinen Po nicht sauber.
Leider ist dieses Problem Alltag in der Tierarztpraxis. Besonders im Sommer kann es sogar so weit kommen, dass die Afterregion von Maden befallen wird! Ein Tier, das falsch gefüttert und kaum bewegt wird, wird recht schnell dick und unbeweglich. Körner, Leckerchen, Erbs- und Haferflocken und jede Art von Trocken- und Fertigfutter weglassen! Den Po mit lauwarmem Wasser reinigen, das Fell so kurz wie möglich rasieren, ggf. langhaarige Körperpartien, wie die Löwenkopfmähne, kurz schneiden, Bewegungsspiele durchführen (vgl. Kaninchenspiele).

14. Mein Kaninchen hat Verstopfung oder sehr harten, kantigen Stuhlgang; die Köttel sind kleiner als sonst oder fadenförmig aufgereiht.
Bezoare (=Verklumpung) heißt das Problem. Fell oder andere aufquellende Dinge wurden verschluckt und verstopfen den Darm teilweise oder völlig. Auch hier muss man schnell zum Tierarzt, sollte aber vorbeugen, dass dies nicht wieder vorkommt, denn dieses Problem ist lebensbedrohlich.

Vorbeugung:

- Viel Grünfutter, kaum Trockenfutter (während des Fellwechsels täglich einen gehäuften Esslöffel Haferflocken mit Leinöl anfeuchten – diese Mischung hilft beim Verdauen möglicher Haarballen); immer frisches Trinkwasser, denn ein feuchter Nahrungsbrei rutscht schneller durch den Darm als trockene Kost.
- Während des Fellwechsels das Tier bürsten, wodurch die aufgenommenen Haare reduziert werden, Angoratiere täglich bürsten.
- Toilette nur dann mit Katzenstreu bestücken, wenn sichergestellt ist, dass das Kaninchen diese nicht fressen kann (Gitterabdeckung), sonst lieber Strohpellets bei gleichzeitigem Zur-Verfügung-Stellen von ausreichend Stroh und Heu zum Knabbern, denn Strohpellets quellen auf – auch aus Verzweiflung gefressene …
- Bei Wohnungshaltung verhindern, dass Kaninchen größere Mengen Stoff (Teppich!), Plastikfolie usw. aufnimmt, denn gern hilft Kaninchen schon einmal beim Auspacken seines Futters mit. Unbedruckter Karton ist hingegen völlig unbedenklich.
- Viel Freilauf, denn Bewegung hilft dem trägen Darm.

Checkliste für die Urlaubszeit zum Abhaken

- ○ Meine Kaninchen besitzen alle erforderlichen Schutzimpfungen.
- ○ Ich habe mit einer Pflegestelle oder Freunden rechtzeitig gesprochen, sodass ich weiß, dass diese meine Tiere in der Urlaubszeit betreuen können.
- ○ Ich habe die Futtergewohnheiten der Tiere an das betreuende Kaninchenpersonal weitergegeben bzw. meine Fütterung allmählich umgestellt. (Sicher ist sicher: Am besten, du schreibst auf, was die Tiere bekommen, denn wer merkt sich schon die vielen Delikatessen, auf die die Mümmels nicht verzichten wollen?)
- ○ Für die ersten zwei Urlaubstage liegt das Futter an einem kühlen Ort bereit oder wird der Pflegestelle mitgegeben.
- ○ Ich habe die Kontaktdaten des behandelnden Tierarztes aufgeschrieben und weitergegeben, falls ein Notfall auftreten sollte. (Art der Bezahlung im Bedarfsfall abklären.)
- ○ Ich habe meine Urlaubsadresse und Telefonnummer hinterlegt, damit die Pflegestelle bei Unklarheiten nachfragen kann.
- ○ Ich habe den Gang in die Transportbox geübt. Der Geruch der Box ist den Tieren vertraut (vgl. Abschnitt Tiertransport).

Kaninchenurlaub

Die Kaninchen verzichten gern auf Urlaub! Einen Transport, eine andere Umgebung, anderes Futter, anderes Wetter – all das mögen sie so ganz und gar nicht. Urlaub für Kaninchen heißt, in gewohnter Umgebung wild umherspringen zu können und sich nicht langweilen zu müssen. Wenn Frauchen und Herrchen dann noch viel Zeit bei ihnen verbringen und unter Kaninchens neugierigen Äuglein interessante Dinge für sie herrichten, dann ist die Welt in Ordnung. Viele Ideen dafür findest du im Abschnitt Kaninchenspiele (Seite 58).

Sollten Kaninchenmamas und Kaninchenpapas aber doch einmal Urlaub nötig haben, ist es wichtig, dass sie für ihre Fellnasen vorgesorgt haben. Nur mal schnell dem Nachbarn zeigen, wo der Sack mit der Futtermischung steht, und dann den Wohnungs- oder Gartenschlüssel übergeben – das geht in der Regel schief. Der freundliche Nachbar muss schon mindestens eine Woche vor Urlaubsantritt einmal am Tag mit zu den Tieren kommen, damit er sie und sie ihn kennenlernen. Und das meine ich genau so, wie ich es schreibe. Unsere Kaninchen wissen genau, dass mein Mann zum Streicheln kommt, und falls das Streicheln einmal unterbleiben sollte, schubsen sie ihn sanft mit ihren Schnäuzchen. Hat er einen Besen in der Hand, kommt Friedrich zur Fellpflege angehoppelt. Das Rubbeln der rauen Kunststoffborsten scheint er mehr zu genießen als das sanfte Streicheln mit der Fellbürste oder dem Fellpflegehandschuh.

Wenn Frauchen den grünen Futterkorb bringt, gibt es Abendbrot, und wer zuerst im Stall sitzt, hat die beste Position am Abendbrottisch. Nachbars Kinder werden schon einmal etwas derber an der Hose gezerrt,

Einen Transport, eine andere Umgebung mögen sie so ganz und gar nicht

Foto © Shutterstock/Petr Smagin

wenn sie nicht schnell genug das Toilettenpapierrollenspiel (vgl. Abschnitt Spiele …) aufbauen – und wenn fremde Kinder mitgebracht werden, sind plötzlich alle Kaninchen scheu und verschwunden. Wenn der Nachbar selbst Kaninchen hält, kann es sein, dass die Ernährung seiner Tiere völlig anders aussieht als die Ernährung deiner Tiere. Selbst die Nahrungsvorlieben sind von Tier zu Tier unterschiedlich. Denke daran: Nahrungsumstellungen verursachen oft Verdauungsprobleme.
Benötigst du während der Urlaubszeit aus Mangel an ortsansässigen Freunden ein Tierhotel, so bieten Tierpensionen oder Tierheime zuverlässigen Service und korrektes Personal. Kümmere dich aber auch hier rechtzeitig und sieh nach, wie die Tiere gehalten und verköstigt werden, sodass du dein Tier allmählich an die dort gegebene Nahrung gewöhnen kannst.

Schonender Tiertransport

Manchmal ist es unumgänglich, Kaninchen zu transportieren. Nicht jeder Tierarzt macht Hausbesuche. (Ihr glaubt gar nicht, wie froh ich bin, dass meine Tierärztin das tut!) Auch wenn ein Transport zur Urlaubsbetreuung ansteht, ist dieser für Kaninchen nur halb so stressig, wenn ihnen ihre Transportboxen vertraut sind.
Lege deine Transportboxen mit einer dicken Schicht Zeitungen aus. Diese sorgt dafür, dass die pelzigen Pfoten auf dem glatten Kunststoff nicht ausrutschen und dein Tier dadurch panisch wird. Darauf kommt eine Stroh- oder Heuschicht, in der ein paar Haferflocken oder eine andere Leckerei versteckt werden. Stelle sicher, dass das Türchen nicht von allein zufällt, und stelle die Box in den Auslauf. Jetzt haben deine Tiere genügend Zeit, die Transportbox zu untersuchen, für ungefährlich zu erklären und sie mit ihren Duftdrüsen zu markieren. Wiederhole diesen Vorgang. Wenn die Tiere entspannt ein und aus gehen, lehne das Türchen an, ohne es zu verschließen. Bekommt ein Kaninchen innerhalb der Box noch Angst, wird es sich selbst befreien. Doch schon bald hat das Tier begriffen, dass in der Box nichts Schlimmes passiert, und lässt sich bereitwillig mit einigen Leckereien einschließen. Trittst du nun eine Autofahrt an, befestige eine kleine Wasserflasche am Türchen, stelle ausreichend Heu und eine besonders schöne Karotte zur Verfügung und schnalle die Box so fest, dass sie nicht umherrutscht. Lass dein Tier nie allein im Auto und fahre auf kürzestem Weg zum Ziel. Ein solcherart verstautes Tier leidet in der Regel weniger als ein frei im Auto umherhoppelndes oder auf dem menschlichen Schoß festgehaltenes. Die Enge der nur vertrauten Box vermittelt ihm das Gefühl einer sicheren Höhle.

Kaninchenseuchen und Seuchenbekämpfung – ein bisschen Hintergrundwissen

In Deutschland gibt es ein Tierseuchengesetz, welches das Vorgehen im Verdachtsfall einer Tierseuche regelt. Hier werden im Paragrafen 1 Kaninchen zwar als „Vieh" genannt, finden aber im weiteren Gesetzestext keine Beachtung mehr (vgl. Tierschutzgesetz).

In Deutschland gibt es eine Meldebehörde, bei der alle in Deutschland gehaltenen Nutztiere angemeldet werden müssen. Dies ist die Tierseuchenkasse. Jährlich fragt sie die aktuellen Nutztierzahlen (vom Rind bis zum Küken) ab und entschädigt Halter, wenn im Seuchenfall Tiere sterben oder getötet werden (müssen). Das einzige Nutztier, das dort nicht gelistet ist, ist das Kaninchen.

In Deutschland gibt es außerdem auf der Ostseeinsel Riem das Friedrich-Loeffler-Institut. Es erforscht Infektionskrankheiten von landwirtschaftlichen Nutztieren.

Wie soll dies aber geschehen, wenn Kaninchen nicht erfasst werden und nur zufällig eingeschickte Verdachtsfälle auf der Insel landen?

Man kann nur vermuten, dass das daran liegt, dass die wirtschaftliche Bedeutung von Kaninchen für Deutschland eher gering ist. Die wenigen hier noch verzehrten Kaninchenbraten kommen zumeist aus anderen Ländern.

Als sich 2018 ein mutierter Erreger der RHD-Seuche (Rabbit Haemorrhagic Disease) auch in Deutschland ausbreitete, war man nicht vorbereitet. In anderen europäischen Ländern war bereits ein neuer Impfstoff entwickelt worden. Bis dieser aber seinen Weg nach Deutschland, dort durch die Genehmigungsbehörden und dann in die Tierarztpraxen fand, waren bereits viele Tiere verstorben. Auch meine Tierärztin Friederike konnte oft nur ratlos zusehen …

Im Nachgang befragt, welche Bestände denn die kritische Zeit überlebt hätten, waren es zumeist Tiere, die regelmäßig mit dem nun unwirksam gewordenen Impfstoff immunisiert worden waren und die artgerecht und in einer geringen Bestandsdichte gehalten wurden.

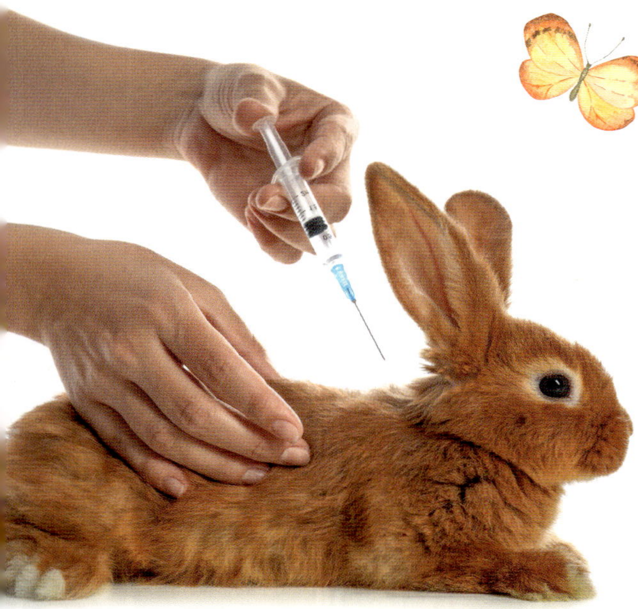

Merke: Jungtiere regelmäßig geimpfter Eltern sind für die ersten acht Lebenswochen ausreichend geschützt.

Kaninchen müssen regelmäßig Schutzimpfungen erhalten

Foto © Shutterstock/New Africa

In gespannter Erwartung – ob Frauchen schimpft, wenn sie uns im Gemüsebeet entdeckt?

Foto © Diana Bachmann

Kaninchensprache

Sind Kaninchen stumm?

Gesprächig sind sie wirklich nicht, aber sie haben unendlich viele Möglichkeiten, mit uns zu sprechen, wenn wir nur bereit sind, ihnen zuzuhören!
Hanna, das Kaninchen, mit dem wir vor vielen Jahren aus einer Großstadtwohnung wieder aufs Land zogen, weil uns die Sehnsucht nach Natur plagte, sagte uns sehr deutlich, dass ihr das neue Leben so nicht passte. Das gekaufte Gehöft war noch nicht saniert. Der Garten glich einer Steinwüste, weil der Vorbesitzer allen Ernstes Rollrasen legen wollte. Also zogen Hanna und Hütehund Mäxel in den Rohbau eines Wintergartens, in dem wir einige unserer Möbel geparkt hatten, denn Hundehütte und Kaninchenstall waren noch nicht gebaut. Innerhalb weniger Stunden war klar, welche Ecke Hanna sich als Toilette ausgesucht hatte. Dort landete ein Katzenklo, denn Kaninchen werden in der Regel stubenrein. Wir waren zufrieden.

Eines Abends, als wir von der Arbeit kamen, brannte im Wintergarten Licht. Einbrecher? Wir schlichen uns vorsichtig heran. Und was sahen wir? Hanna war auf eine Sesselrücklehne geklettert und hatte den Bewegungsmelder ausgelöst. Ein Zufall? Anfangs schon, aber irgendwann fragten uns unsere wachsamen Nachbarn, wer noch bei uns wohne und immer kurz bevor wir nach Hause kommen, extra für uns das Licht anmache. Hanna wusste also nicht nur die Zeit unserer Rückkehr, sondern erklomm eine ungemütliche Lehne von circa 1,5 Meter Höhe, um im Hellen Ausschau halten zu können.
Kurz darauf entsorgte die sich plötzlich erwachsen fühlende Freundin unserer Tochter ihr Zwergkaninchenböckchen samt Ställchen bei uns. Auch ihm konnten wir noch keine vernünftige Behausung bieten, deshalb landeten Ställchen samt Kaninchen ebenfalls im Wintergarten. Von da an war Hanna nicht

Wenn du gut auf ihre Signale achtest, sind Kaninchen durchaus mitteilsam

Foto © Shutterstock/Vincente Sargues

mehr stubenrein! Sie umhoppelte ständig das Ställchen und hinterließ rundum Köttel, ja sie spritzte sogar ihren Urin umher. Wir waren entsetzt und verzweifelten von Tag zu Tag mehr. Allmählich wurde auch der Geruch unerträglich, obwohl Kaninchen normalerweise nach frischem Heu oder grünem Gras duften, wenn sie ordentlich gehalten werden.
Der Nachbar schenkte uns einen nicht mehr genutzten riesigen Kaninchenstall. Wir durchlöcherten alle Trennwände, sodass das Zwergkaninchen und Riesin Hanna jeweils eine komplette Etage bewohnen konnten, bis dann die Außengehege fertig wären. Hanna könne ja inzwischen schon einmal Junge bekommen. Der Nachbar half mit der Auskunft weiter, wo auf dem Dorf denn ein potenter Rammler zu finden sei – und los ging´s. Hanna wurde zum Männchen gesetzt. Einer wilden Jagd folgte eine wilde Beißerei, und unsere Blamage war perfekt: Hanna war ein Hannes! Wir hatten dem Züchter geglaubt, ohne jemals selbst nachzuschauen – und damit einem ganzen Dorf das Vorurteil gegen „Städter" bestätigt. Demzufolge hatte Hannes in dem Zwergkaninchen eine Konkurrenz gesehen und per Duftmarke versucht, dieses schachmatt zu setzen.
Kaninchen haben aber auch Töne, mit denen sie sich verständigen. Einige meiner Kaninchen geben beim Fressen von besonders leckerem Futter ein leises, wohliges Brummen von sich. Laute, hohe, schrille Töne bedeuten hingegen Todesangst; diese Schreie gehen so durch Mark und Bein, dass ein Fressfeind sicher vor Schreck seine Beute fallen lässt. Hungrige Kaninchenbabys lassen ihre Mutter hören, wann es für die nächste Milchportion an der Zeit ist, indem sie leise fiepen. Eine Kaninchenmutter, die ihre Jungen verteidigt, warnt knurrend vor, bevor sie mit den Vorderpfoten auf den vermeintlichen Feind zuspringt und kratzt und beißt. Der deckende Rammler fällt mit einem wohligen Lustlaut von der Dame, die Dame wimmert, wenn es ihr zu viel wird oder sie noch nicht bereit ist … Normalerweise reagieren Kaninchen aber eher defensiv. Bemerken Kaninchen eine Gefahr, klopfen sie mit den Hinterbeinen lautstark auf den Boden, um andere Kaninchen zu warnen. Diese drücken sich unbeweglich an den Boden, bis die vermeintliche Gefahr vorüber ist, denn die meisten Fressfeinde reagieren auf bewegte Beute.
So merkt man auch, wenn man ein Kaninchen streichelt, ob es dies genießt. Tiffy versucht sogar, zum Schmusen zu animieren, indem sie das Köpfchen unter unsere Hände oder Friedrichs Hals streckt und leicht dagegendrückt. Dabei ist ihr Rücken ganz locker, das Fell verschiebbar. Ein ängstliches Kaninchen wird die Streichelprozedur über sich ergehen lassen, dabei aber fest an den Stallboden gepresst

Merke: Mit Futter und unendlich viel Geduld werden auch ängstlichste Kaninchen irgendwann locker …

dasitzen und einen hart verspannten Rücken haben. Wie bekomme ich aber ein solch ängstliches Tier locker? Mit Futter und unendlicher Geduld! Irgendwann wird es das Lieblingsfutter aus der menschlichen Hand nehmen; irgendwann wird es sich dabei entweder leicht über die Stirn oder über den Rücken streicheln lassen; irgendwann wird es merken, dass Streicheln immer mit gutem Futter oder einem Leckerli verbunden ist, und wird es genießen. Wenn das Kaninchen sehr gierig frisst, ist ein leichtes Zucken der Haut am Körper normal.
Und diesen Erfolg sollte man nicht wieder kaputt machen, indem man durch gut gemeinte Aktionen Angst auslöst:
Jeglicher Verlust von Bodenkontakt löst Angst aus, deshalb sollte man beim Tragen immer dafür sorgen, dass die Pfötchen am menschlichen Körper Halt finden. Ist ein Kaninchen noch so scheu, dass es wild strampelt und dadurch seinen Besitzer zerkratzt, darf man es weder fallen lassen noch an den Ohren

Foto © Shutterstock/Vincente Sargues

hochheben, wie es leider noch oft geschieht. Man sollte es dann lieber in eine heugepolsterte Transportbox schieben und bei der nächsten Gelegenheit sich geduldig in den Auslauf setzen, bis das Tier von selbst auf die ausgestreckten und mit Leckerchen belegten Beine hoppelt. Ein Handtuch schützt vor spitzen Krallen!) Übrigens lassen sich unsere Kaninchen, obwohl sie ganz zahm sind, bis heute nicht gern hochheben. Allerdings springen sie freiwillig in eine immer im Garten rumstehende und oft futtergefüllte Kunststoffwanne und können so transportiert werden. Vor vielen Jahren besaß ich einmal eine besonders scheue Häsin mit Jungtieren. Diese waren nachts noch in einem herkömmlichen Kaninchenstall untergebracht. Irgendwann erkannten sie von selbst den großen Weidenkorb, in den ich sie immer schubste, wenn es in den Garten ging, und sprangen freiwillig dahinein.
Auf Instagram sieht man oft Besitzer, die glücklich sind, wenn ihr Kaninchen wie ein Menschenkind auf dem Rücken zwischen ihren Oberschenkeln liegt. Dem Kaninchen gefällt diese Lage keinesfalls. Es ist nicht glücklich, sondern stellt sich tot! Diese Starre muss man lediglich bei den langhaarigen Angorakaninchen provozieren, um ihnen das Bauchhaar und das Fell an der Unterseite der Pfötchen schneiden zu können. Auch das Geschlecht lässt sich in dieser Haltung bestimmen. Das sollte aber der einzige

Foto © Shutterstock/Vincente Sargues

Anlass für diese angreifbare Lage sein, in die sich ein Tier nie freiwillig begeben würde. In einer Sasse bei großer Hitze auf dem Rücken liegende Kaninchen sind aufmerksam und hellwach und haben das Köpfchen immer in seitlicher Lage, um beim geringsten Geräusch aufzuspringen.

Sucht man Kaninchenkontakt, muss man sich auf deren Höhe und in deren natürliches Sichtfeld begeben und sollte sich langsam bewegen. Schnelle Bewegungen und plötzlich von oben kommende Hände lösen Todesangst aus, denn Raubvögel würden genauso ihre Beute greifen.

Kleine Übersetzungshilfe

<table>
<tr><th>MENSCH</th><th>KANINCHEN</th></tr>
<tr><td>Du gibst klopfende Geräusche von dir. Dazu zählt auch Musik mit aufgedrehten Bässen.</td><td>Dein Kaninchen wird panisch.
Es denkt, du hättest große Angst und wolltest ihm zur Flucht verhelfen.</td></tr>
<tr><td>Du greifst von hinten oder oben nach deinem Tier.</td><td>Es erschrickt, weil es im ersten Moment immer wieder denkt, ein Feind würde zuschlagen.</td></tr>
<tr><td colspan="2">Tipp: Nähere dich deinem Tier von vorn und sprich dabei mit ruhiger Stimme zu ihm.</td></tr>
<tr><td>Du stellst deinen Tieren eine Buddelkiste hin.</td><td>Sie machen ein Kaninchenklo daraus, vor allem dann, wenn für mehrere Kaninchen nur eine Buddelkiste zur Verfügung steht. Der fremde Geruch der Einstreu und später der der anderen Tiere muss übertönt werden.</td></tr>
<tr><td colspan="2">Tipps:
• Wenn genügend Platz vorhanden ist, zwei Buddelkisten aufstellen.
• Verschmutzten Inhalt nur auswechseln, Kiste nicht extra reinigen.
• Leicht angefeuchteter Kinderspielsand ist für Kaninchennasen angenehm und wird an heißen Sommertagen gern zur Kühlung genutzt.</td></tr>
<tr><td>Du dekorierst deine Wohnung neu.</td><td>Alles, was deinem Tier neu oder im Weg ist bzw. „falsch“ riecht, muss weg. Dem Kaninchen ist dabei völlig egal, ob es sich um ein Stromkabel, eine Decke oder ein teures Möbelstück handelt.</td></tr>
<tr><td colspan="2">Tipps:
• Kabel verschwinden lassen.
• Hölzerne oder pflanzliche Deko zum Anknabbern und Auffressen hinstellen, die reizvoller ist als das alte Holz deiner Möbel.
• Tiere nur in gesicherten Bereichen unbeaufsichtigt lassen.</td></tr>
</table>

Bild 1: Ich muss immer einmal schauen, ob alles in Ordnung ist
Bild 2: Tust du mir auch wirklich nichts?
Bild 3: Was ist denn dort los? Ob ich lieber wegrenne?
Bild 4: Wenn es gefährlich wird, springe ich aufs Dach!
Bild 5: Eigentlich sind die Schweinchen ja ganz nett

Fotos © Diana Bachmann

1

2

3

4

5

Ist Fussel nicht wunderschön? Leider bedarf es bei solch einem Fell täglicher Fellpflege

Foto © Diana Bachmann

Klasse statt Rasse

Einige unserer Kaninchen sind so groß, dass sogar Kater Olli Schnurrbert in ihrer Gegenwart Depressionen bekommt. Wenn neun Kilogramm Friedrich loshoppeln, dann rette sich, wer kann!

Deshalb trauten wir unseren Ohren kaum, als die Enkeltochter aufgeregt anrief und behauptete, sie habe ein Kaninchen gefunden, das wäre das größte Kaninchen der Welt. Auf Nachfrage beteuerte sie, dass es sogar größer als Friedrich sei. Ungläubig fuhren wir los, um das Monstertier in Augenschein zu nehmen. Und da saß es. Nahezu bewegungsunfähig hatte man ein verfilztes Angorakaninchen ausgesetzt und sich selbst überlassen. Die Wolle von Jahren war so dicht, dass nicht einmal ein Fellwechsel mehr helfen würde, den Filzpanzer loszuwerden. Die vielen Woll- und Filzschichten hatten dem Tier einen Mantel von unglaublicher Größe und Härte beschert. Kämmen war aussichtslos. Selbst die scharfe Schneiderschere konnte dieses Material nicht schneiden.

Wir fuhren zur Tierärztin. Sie war entsetzt. Aber auch ihr superscharfer Profifellschneider gab irgendwann überhitzt auf. Stunden saßen wir und bearbeiteten das Tier mit allem, was uns einfiel. Der Filz war schon so dicht am Körper, dass man trotz aller Vorsicht immer wieder die Haut der armen Kreatur verletzte. Irgendwann nachts war das Tier nackt und blutig und wir völlig geschafft. Unter dem Pelz steckte ein Zwergkaninchen! Das Tier kuschelte sich nach der Prozedur in sein Handtuch und gab keinen Mucks mehr von sich.

Am nächsten Morgen staunten wir nicht schlecht, als uns statt des apathischen Tiers vom Vortag ein freundlicher kleiner Bursche entgegensprang und sich wonniglich die verbliebenen Fussel von uns kraulen ließ. Instinktiv musste er trotz der schmerzhaften Prozedur begriffen haben, dass nun für ihn ein neues Leben beginnen durfte. Als das Fell dann nachwuchs und das Kaninchen von Tag zu Tag schöner wurde, hatten wir uns bereits alle an den Namen Fussel gewöhnt.

Wie wir es schaffen, Fussel die tägliche Fellpflege zuteilwerden zu lassen? Ich bin ehrlich: Wir schaffen es nicht. Fussel gelingt es ungefähr einen Monat lang, selbst sein Fell zu pflegen, aber dann sind die Haare am Hals und Bauch so lang, dass er sein Hinterteil nicht mehr erreicht. Bei den täglichen Streicheleinheiten (diese Zeit nehmen wir uns für jedes unserer Tiere!) bemerken wir irgendwann die ersten Knötchen am Körper und dann wird Fussels Fell sofort zurückgeschnitten. Glücklicherweise besitzt Fussel keinen Spiegel, sonst würde er sich schämen. Denn wenn das wunderschöne braune Deckhaar weggeschnitten ist, bleibt nur die graue Unterwolle übrig und Fussel macht seinem Namen wieder alle Ehre. Armer Kerl!

Angorakaninchen wurden ursprünglich gezüchtet, um an ihre traumhaft weiche Wolle zu gelangen. Reinrassige Angorakaninchen setzen kein Fett an. Alle aufgenommene Energie nutzt der Körper zur Wollproduktion. Welche Qual muss es sein, wenn den Tieren regelmäßig die Wolle ausgezupft wird. Nur während des Fellwechsels gelingt das leichter. Und welcher Druck lastet auf einem Besitzer, wenn er ein Tier hat, das er täglich bürsten und entfilzen muss. Und auf dem Rücken liegend, fühlt sich ein Kaninchen äußerst unwohl – auch, wenn Herrchen oder Frauchen nur „Unterbodenpflege" betreiben wollen. Außerdem besteht immer die Gefahr, dass in dem kuschelweichen Fell Kot oder Einstreu kleben bleibt. Beim Versuch, sich davon zu befreien, frisst das Tier automatisch große Wollmengen mit, die dazu führen können, dass Fellknoten im Darm entstehen, die zu Verstopfung und damit zu lebensbedrohlichen Situationen führen können (vgl. Abschnitt Erste Hilfe). Deshalb sieht man auf diversen Internetclips in der Regel auch Angorakaninchen, die geschoren sind. Lediglich das Köpfchen, an dem die Wolle langsamer wächst, ist meist noch plüschig.

Kaninchenrassen

Kaninchen hatten früher den Status von Nutztieren, die mehrmals im Jahr große Würfe aufgezogen haben, ohne dazu mehr zu benötigen als Grünpflanzen und ein paar Gemüseabfälle. Durch die Zucht dieser Tiere konnten auch arme Familien sich hin und wieder einen Braten gönnen.

Im Laufe vieler Jahre entstanden immer neue Rassen. Und irgendwann wurde das Kaninchen vom Fleisch- und Wolllieferanten zum Kuscheltier, bei dem nicht mehr Leistungsaspekte, sondern Schönheit im Vordergrund standen.

Mittlerweile reicht die Palette von den kleinen Farbenzwergen mit nicht einmal einem Kilo Gewicht bis zu den Riesenrassen, die gut und gern zehn Kilo auf die Waage bringen können. Die Fellqualität unterscheidet sich ebenfalls stark. Da haben wir die Rexkaninchen, die ein so dichtes und kurzes Fell besitzen, dass es sich wie Samt anfühlt, leider sind aber die für Kaninchen so wichtigen Schnurrhaare dermaßen verkümmert, dass den Tieren ein wertvolles Werkzeug zur Erkundung ihrer Lebenswirklichkeit genommen wurde. Außerdem gibt es Langhaarrassen in vielen verschiedenen Farben und Fellqualitäten. Über die damit in Zusammenhang stehenden Probleme habe ich am Beispiel von Kaninchen Fussel schon geschrieben.

Es gibt Kaninchen mit so kurzen Ohren und flachem Schnäuzchen, dass die Gesichter eher einem Teddybären ähneln; diese Tiere fühlen sich oft in der Atmung behindert, vor allem auch, wenn sie nicht ganz schlank sind. Nicht einfach haben es Tiere mit riesigen Löffeln. Schwierig wird es vor allem bei den Widderkaninchen, deren Ohren nach unten hängen. Sind die Öhrchen kurz, können die Tiere diese anheben, wenn die Neugier sie plagt. Schweren Rassen geht diese Fähigkeit aber oft verloren und man holt sich mitunter ein gehörloses Tier nach Hause. Besonders schlimm geht es den Englischen Widdern, deren Ohren so lang sind, dass die Tiere darauftreten und beim Hoppeln in freier Natur echt behindert sind. Auch charakterlich unterscheiden sich die Rassen. Holländerkaninchen sind äußerst temperamentvoll, wohingegen Großwidder sanfte und intelligente Riesen sind. Auf der folgenden Doppelseite haben wir eine bunte Rassen-Auswahl abgebildet.

Angorakaninchen (1), Farbenzwerg hototfarbig (2), Roter Neuseeländer (3), Kalifornier (4), Bartkaninchen (5), Widderkaninchen (6), Thüringer Kaninchen (7), Rexkaninchen (8)

Farbenzwerg chinchillafarben (9), Dailenaar (10), Alaska Kaninchen (11), English Spotted Rabbit (12), Marderkaninchen (13), Löwenkopfkaninchen (14), Gotland Harlequin Kaninchen (15), Deutscher Riese (16)

Minipferd, Taschenhund, Tassenkatze und jetzt auch noch Tassenkaninchen?

Was sind das nur für niedliche Tiere, die da durch Werbefilmchen und durchs Internet purzeln? Schöner als jedes Plüschtier, kleiner als jedes Haustier und deshalb sicher auch anspruchslos und pflegearm? Wie praktisch! Zwergtiere sind in Mode. Knopfaugen, Stupsnäschen – Tierbabys, die scheinbar nie erwachsen werden.

Die kleinsten bisher gezüchteten Pferde sind ungefähr 40 Zentimeter hoch und steigen damit durch eine Hundeklappe, das Falabella-Pony „Little Pumpkin" misst sogar nur 35,5 Zentimeter und wiegt zehn Kilogramm („tierchenwelt.de", Zugriff 30.7.2020). Es dürfte doch kein Problem sein, ein solches Tier in Wohnung und Vorgarten zu halten! Chihuahuas als kleinste Hunderasse passen mit 22 Zentimeter Höhe in jede Handtasche. Wie praktisch, einen solch kleinen Hund auch in einer Großstadt überall dabeihaben zu können!

Der Himalaya-Perser „Tinker Toy" als kleinste Katze der Welt („tierchenwelt.de", Zugriff 30.7.2020) ist nur 7 Zentimeter groß, und damit dürfte das Reinigen der Katzentoilette nun wirklich kein Problem mehr darstellen!

Der Trend, immer kleinere Haustiere zu züchten, scheint keine Grenzen zu kennen. „Teacup-Tiere" sind das Ziel – Hunde, Katzen und Kaninchen, so klein, dass sie sogar in einer Teetasse Platz finden! Und leider gibt es diese schon. An #teacuppuppies, den Miniaturausgaben vieler eigentlich großer Hunderassen, kann sich mancher Instagramnutzer kaum sattsehen.

„Ja, wie geht das denn?", wirst du dich fragen. Hier ist die Antwort: In der Natur haben nur die stärksten und gesündesten Tiere eine Überlebenschance. Damit ist sichergestellt, dass wild lebende Tiere in der Regel kaum krank werden. Seriöse Züchter haben dieses Prinzip übernommen. Sie suchen unter ihren Tieren die jeweils gesündesten und kräftigsten aus und züchten damit weiter.

Foto © Shutterstock/Dollydoll29

Foto © Shutterstock/Kuttelvaserova Stuchelova

Pummelig rund, Knopfäuglein und kleine Öhrchen – Tierbabys muss man einfach lieb haben!

Foto © Diana Bachmann

Will man aber besonders kleine Tiere haben, muss man dieses Prinzip durchbrechen. Die kleinsten Tiere eines Wurfs werden zur Weiterzucht verwendet, das sind häufig Tiere mit genetischen Defekten. Um gewünschte außergewöhnliche Eigenschaften zu verstärken, werden mitunter noch verwandte Tiere miteinander verpaart. Und diese Züchter wissen, was wir wünschen: Tiere, die für immer wie Tierbabys aussehen: pummeliger Körper, kurze Beinchen, rundes Köpfchen, große Knopfaugen. Solchen Tieren können wir nicht widerstehen, weil in jedem Menschen das tiefe Bedürfnis steckt, Tierkinder ganz besonders zu umsorgen.

Und das Ergebnis? Anspruchslos und niedlich? Niedlich schon. Doch dafür zahlen Mensch und Tier in der Regel einen hohen Preis: Zwergtiere haben eine deutlich geringere Lebenserwartung und sind häufig sehr krankheitsanfällig. Die Bedürfnisse dieser Tiere sind jedoch die gleichen wie bei ihren großen Verwandten. Tierleid ist also vorprogrammiert.

Die kleinste bisher gezüchtete Kaninchenrasse sind die Farbenzwerge und Hermelinkaninchen. Sie wiegen zwischen einem und 1,5 Kilogramm und tragen auf ihrem Erbgut den Zwergenfaktor. Verpaart man ohne ausreichendes Wissen zur Vererbungslehre Tiere mit diesem genetischen Defekt, kann es zu stark behinderten und nicht überlebensfähigen Jungtieren kommen. Vom Wesen her ist diese Kaninchenrasse sehr aktiv und flink. Man muss sich viel mit den Tieren beschäftigen, damit sie zutraulich werden.

Zwergwidder hingegen sind eher ruhige und ausgeglichene Tiere, die schnell zahm werden.

Und mit ihren Schlappohren und ihrem breiten Schnäuzchen schauen sie uns so lieb an, dass wir ihnen kaum widerstehen können. Aber auch diese Merkmale haben ihren Preis. Widderkaninchen sind durch ihre abgeknickten Löffel meist schwerhörig und neigen zu Ohrenentzündungen, die unentdeckt und unbehandelt auch zu Taubheit führen können. Kompakte Kopfformen mit zu kurzer Nasenpartie können zu Zahnfehlstellungen führen. Entscheidet man sich für ein solches Tier, ist der jährliche vorsorgliche Tierarztbesuch Pflicht.

Übrigens sind die Rassestandards für Widderkaninchen von Land zu Land sehr unterschiedlich. „Mini Lop“ ist die englische Bezeichnung für Zwergwidder, „Nederlandse Hangoor Dwerge“ oder „NHD“ heißen diese Kaninchen in den Niederlanden. Hier sind die Tiere meist kleiner und haben ein gedrungeneres Köpfchen und kürzere Ohren.

Kaninchen genießen es unglaublich, auf einer Wiese umhertollen zu können

Fotos © Diana Bachmann

WIE & WO Kaninchen wohnen wollen

Ein Königreich für ein Kaninchen

Nein, für mindestens zwei. Und ein märchenhaftes Reich dazu! Aber keine Bange – natürlich mit den Augen eines Kaninchens gesehen. Aus Menschenaugen betrachtet, lockt die bunte Zauberwelt der Zoofachgeschäfte. Für Kaninchen hingegen ist sie ein Graus. Viel zu kleine Käfige aus unnatürlichen Materialien, nichts zum Buddeln oder Anknabbern. Selbst die hier angebotenen Ausläufe erlauben den Kaninchen kaum, auf erhöhtem Platz Männchen machend Ausschau zu halten, geschweige denn Haken schlagende Freudensprünge aus purer Lust am Leben.

Freilandhaltung – ein Kaninchentraum!

Ein Blick auf die natürliche Lebensweise wild lebender Kaninchen lohnt sich, um unseren pelzigen Freunden auch in Gefangenschaft ein möglichst artgerechtes und damit angenehmes Leben zu bieten – und um zu verstehen, warum ein kleiner Käfig nicht zur Kaninchenhaltung geeignet ist. Wildkaninchen leben gesellig. Sie graben meterlange Röhren in die Erde, die in einen Kessel münden. Bei ihren Erdarbeiten können sie über 2 Meter Tiefe erreichen. Wildkaninchen nutzen Reviere von beachtlicher Größe und sind standorttreu. Nahrungsaufnahme, Ruheplatz und Kotplatz sind deutlich getrennt. Jungtiere kommen in Wurfröhren zur Welt. Diese werden zum Schutz des Nachwuchses gut verschlossen und nur selten und in der Dämmerung aufgesucht. Unsere Hauskaninchen hingegen müssen in kleinen Plastik- oder Holzkäfigen oft ein ganzes langes Leben zubringen. Bekommen sie Jungtiere, wird die Lage häufig besonders schlimm. Kein schützendes Versteck, kaum ausreichendes Baumaterial und oft nicht einmal ein Eckchen ohne Kotverschmutzung! Kein Wunder,

Kaninchen sind erfindungsreich, wenn es darum geht, Wind und Wetter zu trotzen

Vorsicht Baustelle!

Fotos© Diana Bachmann

dass Kaninchenmütter in solchen Situationen in großer Bedrängnis sind und dadurch mitunter ihre Babys nur unzureichend versorgen.
Was aber ist die Alternative?
Kaninchen in Gefangenschaft sollten nur nachts in ihren Stall bzw. in ihr Schlafhäuschen kommen, tagsüber benötigen sie Auslauf. Wird ihnen dies gewährt, dauert es nicht lange, bis sie wieder ein natürlicheres Verhalten zeigen. Sie belohnen ihren Besitzer mit gespannter Aufmerksamkeit, knabbern als Feinschmecker hier ein Hälmchen, dort ein Blättchen und beginnen irgendwann mit dem Bau von Höhlen. Dafür sind ihre Pfötchen auch gemacht. Wenn unsere Gartenkaninchen Höhlen in Richtungen graben, die wir nicht akzeptieren können, weil der frisch gepflanzte Apfelbaum allmählich die Bodenhaftung verliert oder die Grenze zum Grundstück des Nachbarn unterwühlt wird, versuchen wir sie zu entmutigen, indem wir unerwünschte Tunnel mit Kies verfüllen. Mittlerweile haben wir begriffen, dass es

recht grober Kiesmischungen bedarf, damit die kleinen Racker aufgeben. Sie sind nämlich in der Lage, ziemlich große Berge lockeren „Abraums" mit den Vorderpfötchen vor sich herzuschieben und sich dadurch die nötige Baufreiheit für weitere Buddelaktionen zu verschaffen. Was den Vorteil hat, dass die ständig nachwachsenden Krallen immer in richtiger Arbeitslänge gehalten werden. Einem Wohnungskaninchen ist dieser Luxus nicht vergönnt, deshalb sollte man darauf achten, dass die Krallen nicht zu lang werden, denn zu lange Krallen führen schnell zu Fehlstellungen der Pfötchen und damit zu Schmerzen und Bewegungseinschränkungen für die lustigen Hoppler. Bei Kaninchen mit hellen Krallen sieht man gut, wie weit man schneiden darf, ohne das Innenleben der Krallen zu verletzen, bei dunklen Krallen sollte man sich vom Tierarzt zeigen lassen, wie viel man wegschneiden darf. Dazu bitte eine spezielle Krallenschere (hier ist das Angebot des Zoofachhandels sinnvoll) oder zumindest einen sehr scharfen Seitenschneider nutzen, wodurch sich die Verletzungsgefahr minimiert.

Kaninchen im Garten halten

Gönnt man seinen Kaninchen ein Gartenleben, zeigen sie einem bald ihre Bedürfnisse. Wenn man glückliche Tiere haben möchte, sollte man die Kaninchen nicht einzäunen, sondern wichtige bzw. gefährliche Dinge auszäunen. Auf dem Rasen der Menschen und auf Blumenbeeten haben die Tiere nichts zu suchen. Dennoch sind sie erfindungsreich, um dorthin zu gelangen. Deshalb haben wir immer eine Reserve an Welpenauslauf-Gitterteilen bereitstehen, die man nicht nur mit den mitgelieferten Verbindungsstäben sicher in der Erde verankern kann, sondern auch mit Kabelbindern in allen Varianten zusammenfügen kann. Anders wäre unsere sprungfreudige Tiffy auch nicht zu bremsen! Da natürliche Auslese im Fall menschengemachter Freilandhaltung nicht gewünscht ist, benötigen die Kaninchen einen Nachtstall, der mardersicher verschlossen werden kann, dennoch aber Luftaustausch ermöglicht, denn die Atmungsorgane der Kaninchen reagieren sehr empfindlich auf Ammoniak, der aus der Toilettenecke aufsteigt.

Wir haben einfach hölzerne Hundehütten mit Drahtgittertüren versehen, die abends geschlossen werden. Unsere Tiere kennen die feste Zeit, zu der in der Hütte Leckerchen serviert werden, und warten dann schon auf uns. Bereitwillig hoppeln sie an ihren gedeckten Abendbrottisch und wir können die Hütten verschließen ohne vorherige Suche in gebuddelten Röhren oder wilde Verfolgungsjagden quer durch den Garten. Lediglich Friedrich bringt es fertig, den Pops vor seiner Hütte zu parken, während er genüsslich sein Abendessen innerhalb der Hütte knabbert. Hier hilft ein kleiner Schubs, den er uns aber nicht übel nimmt.

Als Rentner hat mein Mann die Zeit, unsere Tiere zu beobachten, und bemerkt damit rechtzeitig, wenn sich Unheil anbahnt. Ist man berufstätig oder geht zur Schule, sollte man Vorkehrungen treffen, um seine Tiere am Nachmittag gesund und wohlbehalten wieder anzutreffen. Dazu gehört es, den Bewegungsradius der Kaninchen auf ein großes und ausbruchsicheres Gehege zu begrenzen. Deshalb sollte man am Boden des Auslaufs Baustahlmatten (preisgünstig im Baumarkt zu erstehen) auslegen oder eingraben,

Diesen kleinen Ausbruchskünstlern kann man fast nichts übel nehmen *Fotos © Diana Bachmann*

die ein Flüchten in die Tiefe verhindern. Ausgelegte Gehwegplatten schaffen Plätze, die auch in der Wintersonne schnell trocknen. Mindestens 1 Meter hohe Zaunteile, die fest in der Erde verankert sind, sollten die Neugier der Kaninchen in Grenzen halten. Ein Häuschen, das einen trockenen und windgeschützten Unterschlupf bietet, muss zur Verfügung stehen. Die Hütte soll auf Füßen stehen, damit die Wassermengen eines Gewittergusses kein Unheil anrichten können. Da ranghohe Kaninchen auch gern den Ausblick vom Dach ihrer Hütte nutzen, um ihre Gruppenmitglieder rechtzeitig mit lautem Klopfen der Hinterläufe vor drohender Gefahr zu warnen, ist es ratsam, das Schlafhäuschen nicht an den Rand des Auslaufs zu stellen bzw. den Auslauf nach oben hin mit einer Abdeckung aus Volierendraht oder wenigstens einem straff gespannten Vogelschutznetz zu sichern. Dies hält auch Raubvögel fern.

Mit diesem Equipment sind Kaninchen auch im Winter ausreichend geschützt, vorausgesetzt, man holt sie nicht so oft in die Wohnung, dass die Ausbildung des Winterfells behindert wird. In freier Wildbahn muss ein Kaninchen auch erhebliche Frostgrade aushalten, und so ist ein dauerhaft im Garten gehaltenes Tier bei dicker Einstreu und mit trockenen Füßen durchaus in der Lage, 20 Minusgrade auszuhalten. In Gruppen gehaltene Tiere kuscheln sich dann ganz dicht zusammen und wärmen sich gegenseitig. Unsere Kaninchen lieben trockenen Schnee. Sie buddeln und schieben ihn weg und naschen gefrorenes Gras und die letzten noch am Strauch befindlichen Rosenblüten. Aufgrund der Kälte ist der Kalorienverbrauch erhöht, sodass die Leckerchen jetzt ruhig einige Haferflocken enthalten dürfen.

Im schneebedeckten Garten dürfen es ein paar Leckerchen mehr sein *Foto © Diana Bachmann*

Die kaninchensichere Wohnung

Kaninchen kommen auch gut mit einer Wohnung als Revier zurecht. Die eigentlichen Besitzer, sprich ihre Menschen, haben aber mit der Umnutzung der Wohnung durch ihre Kaninchen meist Probleme.

In der Natur wird alles, was stört, zerbissen, egal ob Wurzel oder Ästchen. Dafür, dass in der Wohnung Kabel und Möbelbeine stören, kann das arme Kaninchen ja nichts. Das natürliche Verhalten siegt: Das Kabel wird durchgenagt, das störende Möbelstück zumindest versuchsweise angeknabbert. Im ersten Fall wenig schön für das Tier; im zweiten Fall für den Menschen. Was also tun? Kabel scheinen Kaninchen magisch anzuziehen, deswegen sollten sie an für die Kaninchen unerreichbaren Stellen verlegt werden oder unter selbstklebenden Kabelschächten aus dem Baumarkt verschwinden. Verlängerungskabel immer vom Netz trennen, wenn die Tiere ohne Aufsicht sind, um tödliche Stromschläge zu vermeiden. Frisches Holz schmeckt jedem Kaninchen, vor allem das Holz heimischer Obstbäume … Das können wir nutzen, indem wir mit dekorativen Holzwurzeln oder raffiniert arrangierten Zweigen (an kippsichere Gefäße denken!) unsere Wohnung schmücken und Kaninchen glücklich machen. Wenn sich dann noch ein kleines altes Schränkchen findet, in das die Kaninchen einziehen können, müssen auch keine Löcher mehr in Möbelstücke oder Federbetten genagt werden, um sich endlich eine Wohnhöhle zu gestalten. Am besten, Mensch arbeitet an einer unauffälligen Stelle schon ein kreisrundes Loch vor, welches die Kaninchen dann auf ihre Wunschgröße erweitern können. Genügend unbehandelter Karton oder baumwollene Putzlappen in der „Schrankhöhle“ lassen ein beinahe authentisches Naturgefühl bei Kaninchen aufkommen, denn nun können sie nagen und buddeln, ohne dabei Schaden zu nehmen. Wenn man seinen Lieblingen eine besondere Freude bereiten will, legt man an nicht störender Stelle, zum Beispiel unter der Couch, Pappkartons und Rohre in passender Größe aus (auch hier bietet der Baumarkt eine preiswertere und vielseitigere Auswahl als jeder Fachhandel!), in denen Kaninchen sich der Illusion hingeben können, einen natürlichen Erdbau zu besitzen.
Treppen steigen lernen Kaninchen schnell. Wollen Herrchen oder Frauchen einen Etagenwechsel verhindern, hilft eine leicht zu montierende Babytür. Zwängt sich das Zwergkaninchen zwischen den Gitterstäben hindurch, kann man mit Kabelbindern Maschendraht daran befestigen.
Kaninchens pelzige Füße finden auf glattem Untergrund keine Haftung. Die Tiere versuchen zwar, ihr Hoppelverhalten dem jeweiligen Untergrund anzupassen, aber besonders dann, wenn

Unter einer Wurzel kann man sich verstecken. Frische Äste in einem standfesten Steinguttopf sind dekorativ und schmecken

Foto © Diana Bachmann

Gesicherte Türen und für Kaninchen reizvolle Einrichtungsgegenstände sorgen für ein unfallfreies Miteinander. Widderschönheit Blümchen genießt es, getrocknete Blüten aus ihrem Birkenholznapf zu futtern

Foto © Melina Schwab

sie erschreckt flüchten wollen, kommt es auf glatten Böden zu einem regelrechten Versagen ihres Antiblockiersystems, was insbesondere bei scheuen und unerfahrenen Tieren zu Verletzungen führen kann. Deshalb freuen sich Kaninchen über Teppich, Steinboden oder in engen Abständen ausgelegte gummierte Fußmatten.

Leider sind viele unserer Zimmerpflanzen giftig. Eigentlich merken Kaninchen, was ihnen guttut. Gerade Freilandkaninchen schauen sich scheinbar viel von ihren Artgenossen ab. Und bei der übergroßen Auswahl an Pflanzen fällt es leicht, das passende Kräutlein zu finden. Da haben es die Wohnungskaninchen schon schwerer. Deshalb sollte man sicherheitshalber alle Zimmerpflanzen aus dem Weg stellen, denn selbst wenn sie nicht giftig sind, ist ihr Anblick nach Sättigung des Kaninchens meist ein trauriger.

Ein studierendes Kaninchen?

Als unsere Tochter studierte, kamen die WG-Mitbewohner auf die glorreiche Idee, sich einen WG-Hund anschaffen zu wollen. Der mütterliche Hinweis, dass ein Hund länger lebt als das längste anzunehmende Studium jemals dauern könne, führte zur WG-Krisensitzung mit dem Ergebnis, dann nehme man eben ein Kaninchen. Auf den Einwand unserer Tochter, dass auch Kaninchen eine nicht geringe Lebenserwartung haben, kam der barbarische Vorschlag eines bäuerlich sozialisierten Mitstudenten, man könne es doch notfalls schlachten …

Verunsichert reiste unsere Tochter nach Hause. Wir hatten damals eine Kaninchenmutter, die eines ihrer Jungtiere aus unerklärlichen Gründen gnadenlos biss. Es wuchs kaum und wir gaben es schon fast verloren. Die Tochter bot an, es mitzunehmen und Fläschchen zu geben, und wir waren froh, nicht mehr über dieses ungewöhnliche Kaninchenmutter-Kind-Verhältnis nachdenken zu müssen. Selbst oben negativ erwähnter Feinschmecker schüttete beim Fläschchengeben genügend Bindungshormone aus, und bald war Kaninchen Gustav uneingeschränkter Beherrscher des WG-Lebens: Frei flitzte er zwischen den WG-Zimmern hin und her, versuchte in Betten Wohnhöhlen zu graben, knabberte die Knöpfe der Fernbedienung des gemeinsamen Fernsehgeräts ab, hoppelte Diplomarbeiten verkürzend über Computertastaturen. Sein Lieblingsplatz aber war die gemeinsame WG-Küche. Dort stand ein großer Mülleimer mit Schwingdeckel. Und von dem Tag an, an dem Gustav begriffen hatte, dass der waghalsige Sprung ins wackelige Ungewisse zu unermesslichen Fressgründen führt, verschwand der Kerl regelmäßig im Eimer und fing plötzlich an, sein gesamtes Wachstumsdefizit aufzuholen.

All denen, die diese Zeilen kopfschüttelnd und voller Unverständnis lesen, sei versichert, dass Gustav trotz dieser wenig artgerechter Zusatzkost in gesundem Zustand einige WG-Generationen überlebte.

Was lernen wir daraus?

- Aus einem Überangebot von Nahrungsmitteln sucht sich ein Kaninchen das Richtige aus. (Natürlich wurde er zu jedem Zeitpunkt auch kaninchengerecht grundversorgt.)
- Bei ständigem Auslauf und großem Bewegungsradius bleiben die so gefürchteten Verdauungsprobleme in der Regel aus.
- Und jetzt knüpfen wir beim ursprünglichen Thema an: Ein Kaninchen einsperren ist wenig sinnvoll, mitunter sollte man es aber zum eigenen Schutz und zum Schutz wichtiger Gebrauchsgegenstände seiner zweibeinigen WG-Bewohner aussperren – und hierzu sind beweglich aufstellbare zaunartige Elemente äußerst sinnvoll.

Foto © Diana Bachmann

Hilfe, mein Kaninchen ist verschwunden!

Besonders dann, wenn das Tier im Freien sich aus seinem Gehege gebuddelt hat, ist der Schreck der Besitzer groß. Das einst so zahme Tier scheint innerhalb weniger Stunden vergessen zu haben, dass es einmal ein Haustier war. Die nun beginnende Verfolgungsjagd kann Mensch nur verlieren, denn Kaninchen können nicht nur ein ungeheures Tempo entwickeln, sondern auch noch während des Rennens abrupte Haken schlagen und damit die Laufrichtung ändern.
Deshalb: Erst einmal innehalten und nachdenken. Kaninchen sind reviertreue Gruppentiere. Sie werden sich nicht weit entfernen, wenn sie nicht gejagt werden. Kaninchen sind Fluchttiere. Unsere Jagdhektik befördert das Fluchtverhalten!
Schaut also erst einmal, mit langsamen Zeitlupenbewegungen und sanfter vertrauter Stimme das Tier ansprechend, wo es sich befindet. Ist es sehr zahm, dann setzt oder legt euch auf den Fußboden und wartet, bis das Tier aus Neugierde zu euch kommt. Ist es scheu, dann umbaut es mit den Gitterteilen seines Auslaufs. Ist dies nicht möglich, baut ihr den Auslauf in seiner Nähe auf und legt die Lieblingsleckerei hinein. Entdeckt ihr den Ausreißer erst im Dunkeln, stört eine auf ihn gerichtete Taschenlampe seine Orientierung.

Merke: Nähere dich ihnen langsam und mit einer Leckerei.

Putz- und Badetag bei Familie Mümmel

Die Vorstellungen von Sauberkeit gehen bei Mensch und Tier weit auseinander. Ein Kaninchen möchte auf keinen Fall gebadet werden! Egal, wie schmutzig es ist, es putzt alle Körperteile nach verrichteter Arbeit wieder selbst blitzblank. Wenn Friedrich nach getanen Erdarbeiten in nassem Gartenboden in mein Büro gehoppelt kommt, ist es manchmal schon zum Verzweifeln, welch große schwarze Stempel seine Hinterpfötchen auf meinen Fliesen hinterlassen. Deshalb liegen jetzt mehrere waschbare Fußmatten im Eingangsbereich, die dafür sorgen, dass der Teppich keinen Schaden nimmt. Wenn Friedrich dann nach minutenlangem Lecken aller Körperteile vom Sofa springt, sieht er aus, als wäre er nie schmutzig gewesen.
Kaninchen haben sehr empfindliche Nasen. Deshalb sollte man beim Reinigen der Toiletten auf chemische Keulen verzichten. Mit Essig versetztes Wasser reinigt und schluckt Gerüche. Kernseife und Soda – in Kombination mit einem Kratzschwamm – sind unbedenkliche uralte Reinigungsmittel. Auch Dampfreiniger tun gute Dienste, da sie völlig ohne Haushaltschemikalien für Hygiene sorgen.

Merke: Ein Kaninchen möchte auf keinen Fall gebadet werden. Es putzt sich immer selbst!

Klimaanlage für Mümmelmänner?

Der Sommer kam. Wir saßen und aßen im Garten. Und beobachteten die Kaninchen. Und stellten fest, dass Friedrich im Gegensatz zu den Stallkaninchen nicht im Geringsten unter der Hitze litt: Er grub sich einfach an schattiger Stelle eine kühlende Vertiefung in die Erde … oder legte sich in die nasse

In einer freigescharrten kühlenden Erdkuhle unter einem Baum verdöst dieses Kaninchen die heißesten Stunden des Tages

Foto © Diana Bachmann

Erde der Kübelpflanzen. Friedrichs und Wilmas gemeinsamer Nachwuchs entwickelten weitere Kühltechniken: Sie setzten sich in ihre kühlenden Steinguträpfe oder lehnten sich in der Mittagsglut mit ihrem Körper an die Regentonnen und hatten somit riesige Kühlakkus!

Heizung für Mümmelfrauen?

… unerwartet kam ein Winter mit minus 20 Grad. Plötzlich furchtbare Kälte! Ob das Tier friert? Gut, 20 Grad sind auch für ein Kaninchen nicht gerade die Wohlfühltemperatur. Wenn Kaninchen aber genügend Heu und Stroh haben und im Nachtställchen ein Häuschen zum Verkriechen steht, dann kuscheln sie sich ganz dicht aneinander, und der, der´s am kühlsten hat, darf in die Mitte. Kaninchenmütter reagieren auf unerwartete Kälteeinbrüche, indem sie sich auch einige Tage nach der Geburt noch zusätzliche Wolle aus ihrem Bauchbereich rupfen und die Kleinen damit gut einpacken.

Tiffy bestaunt den ersten Schnee …
… und begreift schon bald, dass sie die Wiese darunter suchen muss Fotos© Diana Bachmann

Ein Gartenkaninchen zu Weihnachten in die warme Stube holen?

Wenn das Kaninchen dort regelmäßig Gast ist, gern – aber immer nur für kurze Zeit und nicht neben die Heizung oder in Zugluft, und dann schnell wieder in den dick mit Stroh eingestreuten Nachtstall. Aber es geht auch andersherum: Friedrich hat große Freude beim Wintergrillen im Garten, denn wir sorgen dafür, dass unsere Tischdeko fressbar ist.

Dein Kaninchen freut sich über fressbare Weihnachtsdeko Foto © Shutterstock/Galyna Syngaievska

Foto © Diana Bachmann

Geschwisterpaar in völliger Harmonie
Foto © Diana Bachmann

Freundschaft *für immer*

Vergesellschaftung von Kaninchen

Kaninchen leben in der Natur in Gruppen zusammen. Deshalb sollte man auch zu Hause kein Einzeltier halten. Am besten, man nimmt gleich ein Geschwisterpaar, dann gibt es seltener Probleme. Gut ist, wenn die Kaninchen so gehalten werden, dass sie sich auch einmal aus dem Weg gehen können. Jungtiere verschiedener Herkunft sind meist auch untereinander verträglich, wenn sie sich auf neutralem Boden kennenlernen können. Keinesfalls darf man das neue Tier sofort in das Revier des schon vorhandenen Tiers setzen, hier sind Streitigkeiten und Beißereien vorprogrammiert.
Sobald die Tiere die Geschlechtsreife erlangt haben, kann es dennoch zu Problemen kommen. Die Kaninchen versuchen die Rangordnung zu klären. Das geschieht in wilden Verfolgungsjagden, bei denen das ranghöhere Tier aufreitet und das rangniedere im oberen Rückenbereich ins Fell beißt

Wenn Tiffy Frühlingsgefühle plagen, dann kann Friedrich sich manchmal gar nicht retten

Fotos © Diana Bachmann

– dann können schon einmal Haarbüschel davonfliegen. Dieses Verhalten ähnelt stark dem Deckakt, kommt aber auch innerhalb rein weiblicher Gruppen von Tieren vor. Ist die Rangordnung geklärt, geht es meist wieder friedlich zu. Falls nicht, sollte man beide Tiere kastrieren lassen. Aus Kostengründen wird häufig nur das Männchen kastriert. In Folge davon bedrängt das unbefriedigte weibliche Tier oft massiv seinen männlichen Partner.

Friedrich lebt bei uns so frei im Garten, dass er nach Belieben an seinen durch Maschendraht von ihm getrennten Frauen und ihren Kindern vorbeihoppeln kann. Das Interesse der potenziellen Partner füreinander ist sehr unterschiedlich. Der alte und mittlerweile etwas träge Friedrich legt sich Pelz an Pelz neben eine ihm sympathisch scheinende Dame. Mit dieser ist er dann auch ohne trennenden Zaun sehr harmonisch: Man kuschelt und putzt sich liebevoll, wenn man endlich zusammen sein darf. Circa eine Woche vor einer möglichen Geburt ziehen sich bei uns die Damen meist knurrend in ihre Reviere zurück oder buddeln sich Höhlen, in die sich der Partner besser nicht verirren sollte.

Schon kurz nach der Geburt kommt das Interesse für den Partner zurück. (Also Vorsicht vor Folgewürfen, die so dicht kommen können, dass die Kaninchenmutter noch nicht genügend erholt ist bzw. die Jungtiere des ersten Wurfs die mütterliche Milch noch benötigen.) Kaninchendame Tiffany brachte, wie man auf Instagram sehen kann, Mutterfreuden und Partnerschaft glänzend unter einen Hut. Deshalb und weil Friedrich bereits Papa einiger entzückender Würfe war, wurde er kastriert. Frida, eine seiner halbwüchsigen Töchter, floh immer wieder aus ihrem Gehege zu dem nun „ungefährlichen“ Friedrich, bis wir sie schließlich bei ihm ließen. Mit ihrem Temperament war Friedrich aber mitunter überfordert. Und als sie erwachsen wurde, bedrängte sie ihn so sehr, dass wir Friedrich vor ihr retten mussten und Tiffany wieder an seine Seite ließen.

Ist der Partner des Kaninchens gestorben, sollte man versuchen, kein Jungtier dazuzukaufen. Ein etwa gleich alter Tierheimpartner ist meist die bessere Wahl. In der neuen Heimat angekommen, sollten die Tiere erst einmal zu ihrem Schutz getrennt, aber in Sicht- und Riechweite untergebracht werden. Zeigen sie keinerlei Aggression mehr, können sich die Tiere ohne Hürden auf neutralem

Boden beschnuppern und näher kennenlernen. Ist ein Kaninchen krank oder hat es ein halbes Leben irgendwo in Einzelhaft zugebracht, kann es auch passieren, dass keine Vergesellschaftung mehr gelingt. Unser Fundtier Fussel akzeptiert trotz unendlicher Versuche keinen Partner, egal welchen Geschlechts. Sicher durfte er in seinem Vorleben nie die Bekanntschaft eines ebenbürtigen Partners machen. Emma, ein Rassekaninchen, das wir aus einer Scheune retteten, in der circa 100 große Kaninchen auf engstem Raum in Bodenhaltung zubrachten, wollte nur noch ihre Ruhe. Zu uns Menschen war sie so sanftmütig, dass wir das Gefühl hatten, sie wolle uns ihre Dankbarkeit zeigen. Sobald aber ein anderes Kaninchen in der Nähe ihres Gehegezauns auftauchte, lieferte sie sich mit ihm wilde Verfolgungsjagden bis zur Erschöpfung.

Kann ich Kaninchen zusammen mit anderen Tieren halten?

Kaninchen und Meerschweinchen vertragen sich super, wenngleich beide Tierarten lieber Partner der eigenen Art haben. Spätestens im Winter stiegen meine Meerschweinchen den Kaninchen ins Genick, was aussah, als würden die Kaninchen Pelzmäntel tragen. Die Meerschweinchen genossen die Fellwärme der Kaninchen an ihren nackten Füßen und die Mümmels empfanden Genickkuscheln immer als angenehm. Aber wie ihr merkt, hatte ich immer mehrere Meerschweinchen bei mehreren Kaninchen, sodass jedes Tier auch Partner der eigenen Art hatte, um zu kommunizieren, denn die Körpersprache eines Tiers einer anderen Tierart ist wie eine Fremdsprache für den Menschen: Sie muss mühsam erlernt werden, und so ganz sicher, ob man sein Gegenüber versteht, kann man dennoch nie sein.

Ähnliche Fressvorlieben trotz etwas unterschiedlichen Geschmacks

Foto © Diana Bachmann

Friedliches Miteinander trotz unterschiedlicher Körpersprache

Foto © Diana Bachmann

Hühner und Kaninchen

versuchen wir getrennt zu halten. Das gelingt nicht immer. Man geht sich zwar prinzipiell aus dem Weg, ist aber doch neugierig aufeinander und neidisch auf das Futter des anderen. Deshalb wird getrennt gefüttert. Manchmal nutzt man auch die Arbeitskraft des anderen aus. Der alte Fussel hat mittlerweile größere Probleme beim Hoppeln mit den Hinterbeinen. Die Vorderbeinchen buddeln aber gern in unserer Gartenerde. Die Zwerghühner haben fix begriffen, dass er damit schneller und besser als sie Erde bewegt und dabei die geliebten Würmchen freilegt. Als Glucke Berta endlich Küken führte, stolzierte sie mit ihrer Schar auch häufig durch Kaninchenpapa Friedrichs Revier. Dass Glucke Berta ihn mörderisch pickte, um ihre Küken zu verteidigen, begriff er schnell. Was Friedrich aber nicht akzeptierte war, dass die Küken leckeres Kükenaufzuchtfutter zugefüttert bekamen, er aber nicht. Wollte er naschen, wurde er ebenfalls gepickt. Einige Fellbüschel fehlten auf seiner Stirn, als er endlich aufgab. Aufgab? Er saß jetzt oft minutenlang still und beobachtete das Hühnervolk.
Eines Tages, wir trauten unseren Augen kaum, saß Friedrich ungestört am Hühnernapf und bediente sich. Er hatte die Taktik geändert. Er hatte begriffen, dass man mit Höchstgeschwindigkeit in die Hühnermeute hoppeln muss, damit diese erschreckt davonfliegt.

Kaninchen und Katzen

Der Kater war wenig begeistert, als sich Friedrich auf ihn stürzte. Friedrich hätte schon gern einmal probiert, ob Katzen auch Kaninchenbabys bekommen können. Schon manch kühner Sprung war nötig, um Friedrich aus dem Weg zu gehen. Nur gut, dass Katzen gute Kletterer sind. Friedrich hoppelt zwar in Blitzesschnelle jede Treppe hinauf, bei Bäumen gibt er aber irgendwann auf. Sind die Kaninchen kleiner als die Katzen, sollte man sehr vorsichtig probieren, ob ein Miteinander möglich ist. Ängstlich fliehende Kaninchen können bei Katzen wie Hunden den Jagdtrieb auslösen.

Hunde und Kaninchen

Diese Vergesellschaftung ist ein gewagtes Experiment. Ich hatte immer ein ungutes Gefühl, wenn Mäxel mit Hanna-Hannes allein war, wenngleich er als Hütehund nie einem Tier auf unserem Grundstück ein Härchen gekrümmt hätte. Hannes liebte aber das Hundetrockenfutter und Mäxel die Möhrchen. Nicht nur aus Gründen der ungesunden Ernährung haben wir immer getrennt gefüttert und es nie auf ein Kräftemessen ankommen lassen. Ein Jagdhund wird das Kaninchen aber garantiert nur so lange in Ruhe lassen, wie Herrchen oder Frauchen anwesend sind.

Kaninchen mit Kuh, Pferd oder Schaf

Kaninchen halbfrei in Kuh- oder Perdeställen zu halten ist kein Problem, wenn nur genügend Platz da ist. Und die Futtervorlieben sind auch recht ähnlich.

Kaninchen und Kühe haben gleiche Futtervorlieben

Fotos © Shutterstock/Iakov Filimonov und Oleksandr Lytvynenko

Bild 1: Friedliches Miteinander
Bild 2: Völlig entspannt liegen die Tiere beieinander
Bild 3: Was der Hund dem Kaninchen wohl ins Ohr flüstert?
Bild 4: Vorsichtiges Kennenlernen: Bei diesen Größenverhältnissen muss man sich weniger Sorgen machen

Fotos 1 + 4 © Diana Bachmann,
Fotos 2 + 3 © Agnes Sophia Krug

Kaninchenspiele selbst gemacht

Foto © Diana Bachmann

Ja, wirklich. Unsere Kaninchen spielen sogar, wenn wir sie nicht dazu animieren. Aus purer Lebensfreude wilde Jagden Haken schlagend und Luftsprünge machend quer über die Wiese, mit Näpfen kegeln, durch Löcher kriechen, über Hürden springen und so weiter, und so fort. Deshalb wird dein Kaninchen neugierig die Spielvorschläge betrachten, untersuchen und recht bald begreifen, wie sie funktionieren.

Die Rolle muss weg!

1. Was bringt Herrchen da?
2. Warte, ich muss erst noch aufessen.
3. Oh, unser Lieblingsspiel!
4. Warum ist die erste Rolle immer so schwer herauszubekommen?
5. Ich hab´s!
6. Ich helfe Dir.
7. Guck mal, so geht´s schneller!

Fülle einen kleinen Karton mit so vielen Papprollen (aus Toilettenpapierrollen), dass diese nicht mehr umkippen können. Jetzt verteile Leckereien in den Pappröhren. Dein Kaninchen wird schnell merken, dass jede aus dem Karton gezogene Röhre die Chance auf eine Leckerei erhöht.

Hütchenspiel

Nimm ein paar Papp- oder Joghurtbecher und verstecke anfangs unter allen Bechern Leckereien, später nur noch unter einigen. Dein Kaninchen wird auch dann, wenn du wie bei einem Hütchenspielertrick alle Becher umherschiebst, besser als deine besten Freunde herausbekommen, unter welchem Becher sein Gewinnerleckerchen liegt. Fällt es deinem Tier schwer, den Inhalt zu erschnüffeln, kannst du auch kleine Löcher in die Becher stechen.

Pappröhren aus Haushaltsrollen und Toilettenpapier bieten viele Beschäftigungsmöglichkeiten

Fotos © Diana Bachmann

Holzfällerspiel

Belade ein Spielzeugauto mit Obstbaumzweigen. Das Kaninchen wird mit Freude mitspielen und Bäume verladen. Es kann (und soll!) sein, dass es ein paar Äste dabei zurechtknabbert.

Wilde Rolle

Die in einer Haushaltsrolle befindliche Pappröhre kann man mit so kleinen Löchern versehen, dass die hineingefüllten Sonnenblumenkerne gerade noch hindurchpassen. Beide Enden werden geknickt, sodass dort nichts mehr herausfallen kann. Schnell lernt dein Tier, dass man nun durch Umherrollen oder gar Hineinbeißen und Fallenlassen diesem Spielzeug Köstlichkeiten entlocken kann. Auch eine mit Heu vollgestopfte Papprolle beschäftigt das Kaninchen.

Buddelspiel

Erhältst du ein Paket, so packe es aus und fülle es anschließend mit geknüllter Zeitung. Wenn du ein Gartenkaninchen hast, kannst du die Kiste auch mit Heu oder Stroh füllen – oder im Herbst als besondere Freude mit Laub. Verstecke darunter ein paar Köstlichkeiten. Dein Tier wird das Geschenk genau untersuchen, irgendwann hineinhüpfen und unglaubliche Freude am Buddeln in der Füllmasse des Pakets haben.

Ideen für Kaninchen-Kinder-Feste

Zu Weihnachten sorgt ein Christbaum für Stimmung. Dazu schneidest du Kohlrabi, Äpfel und Gurken in dünne Scheiben, stichst mit der Plätzchenform Sterne aus und schichtest diese zu einem Bäumchen auf. Ein Holzspieß, besser noch ein Obstbaumzweig, verbindet alle Teile miteinander.

Silvester

Kaninchen mögen keinen Krach. Unsere Raketen sind für sie dennoch der Knaller. Völlig lautlos und sehr lecker. Nimm die Pappröhren aus Küchenpapierrollen. Male Fenster auf und schneide die Fensterscheiben aus. Dadurch riechen deine Tiere später die leckere Füllung. Schneide an einem Ende der Röhre Zacken, aus denen du die Spitze formst, am anderen Ende Streifen, damit geknüllter Zellstoff den Rauch beim Start der Rakete nachahmt, gleichzeitig aber dafür sorgt, dass der Raketenstab hält und die Leckereien nicht zu früh herausfallen. Stelle die fertigen Raketen in ein kippsicheres Gefäß, und nun schaue deinen Tieren beim Spiel zu. Erinnerungsfotos nicht vergessen!

Böller ganz ohne Krach

Foto © Diana Bachmann

Fressbarer Osterstrauß

Fotos © Diana Bachmann

Ostern

Schneide Kohlrabi und Rote Beete in circa fünf Millimeter dicke Scheiben. Stich mit österlichen Plätzchenförmchen entsprechende Motive aus. Versehe sie mit einem Loch und schmücke damit deinen Osterstrauß. Futtern die Kaninchen die blühenden Obstbaum- oder Weidenzweige deines Straußes gleich mit, bekommen sie dadurch einen zusätzlichen Vitaminstoß. Nur bei Forsythie solltest du vorsichtig sein. Manche Kaninchen fressen sie gern, sie enthält aber in geringen Mengen Giftstoffe.

Geburtstag

Geburtstagstorte

Gestalte eine leckere Geburtstagstorte.

Du benötigst:

- *verschieden große Gemüsescheiben*
- *1/2 Banane*
- *fressbare Blüten und Blätter oder Kräuter*

und zur Dekoration ein paar Beeren
Wenn du mehrere Geburtstagskerzen auf der Torte haben möchtest, benötigst du noch

- *1 grüne Gurke,*
- *eine Anzahl kleiner Karotten, die dem Alter des Tiers entspricht*

So wird's gemacht:

Schichte die Gemüsescheiben so übereinander, dass eine stufenförmige Grundform entsteht. Wir haben eine breite Scheibe Melone genommen und darauf eine Kohlrabischeibe gestapelt.

Friedrich lässt sich dazu gern einladen

Foto © Diana Bachmann

Zerdrücke ein kleines Bananenstückchen, sodass ein Kleber für die Beeren entsteht. Belege jede Etage der Torte statt mit den bei menschlichen Geburtstagstorten üblichen Sahnehäubchen mit den Lieblingsbeeren deines Geburtstagstiers. Wenn du möchtest, dann funktioniere anschließend dicke Gurkenscheiben zu Kerzenhaltern um, indem du kleine Karotten als Kerzenersatz in die weiche Mitte der Gurkenscheibe drückst.
Nun musst du nur noch den Tortenteller mit Blüten, Blättern oder Kräutern verzieren. Fertig ist die Geburtstagsüberraschung, an der selbstverständlich die gesamte Kaninchenbande naschen darf.

Sommerfest

Einladungskarten

… kannst du selbst zeichnen oder aus ausgedruckten Fotos gestalten.

Platzdeckchen

… entstehen, wenn du schöne Fotos oder Zeichnungen mit einem Laminiergerät einschweißt. Diese sind nicht nur hübsch anzusehen, sondern auch sehr praktisch, wenn stark kleckernde Speisen, wie Melone, oder stark färbende Gemüse, wie Rote Beete, zubereitet werden.

Zeichnungen © Diana Bachmann

Leckere Segelboote sind fressbare Deko für ein Sommerfest

Foto © Diana Bachmann

Segelbootdeko zum Auffuttern

Wasche eine Wassermelone gut ab.
Schneide sie in Scheiben. Dann schneidest du das Fruchtfleisch heraus und legst es beiseite.

Aus der Melonenschale entstehen schnell Segelschiffe, deren Segel ein großes Kohlblatt bildet, das mit einem Obstbaumzweiglein oder Holzspieß im Bootsrumpf befestigt wird.

Friedrich genießt seinen fruchtig-saftigen Kaninchen-Eisbecher

Fotos © Diana Bachmann

Eisbecher

Steche aus dem Fruchtfleisch der Wassermelone mit einem Teelöffel, Eiskugelformer oder Ähnlichem Kugeln heraus. Fülle Eisschälchen damit und garniere das Ganze mit einigen Blaubeeren.
Ein schmaler Streifen Vollkornknäckebrot ist die gesunde Eiswaffelalternative.
Tipp: In deinen Mencheneisbecher darf gern noch eine richtige Kugel Vanilleeis hineingemogelt und ein Klecks Schlagsahne aufgebracht werden.

Foto © Diana Bachmann

Einfach mal so ...

Lecker Lollis

Schneide aus dem Lieblingsgemüse deiner Kaninchen fingerdicke Scheiben.
Stich nun mit Backförmchen verschiedene Formen aus der Mitte der jeweiligen Gemüsescheibe.
Fülle das jeweils entstandene Loch mit einem farblich kontrastierenden Innenteil.
Besonders lecker finden unsere Kaninchen Kohlrabi-Lollis mit einem Rote-Beete-Kern.
Steche einen Holzspieß hinein und fertig ist die Überraschung!

Merke: Deiner Fantasie sind keine Grenzen gesetzt. Dir muss die Arbeit Freude bereiten und Deine Kaninchen glücklich machen.

DIY: Tolle Geschenke und Mitbringsel selbst basteln

Mit Fingermalfarben und Filzstift bemalte und personalisierbare Geschenktüten
Fotos © Diana Bachmann

Geburtstagsblumensträuße aus fressbaren Blüten und Blättern

Bild 1: Weiße Rosen, kombiniert mit Oregano und den Astspitzen der abgeernteten Johannisbeersträucher, verbreiten spätsommerliches Flair.
Bild 2: Einfach mal durch die Natur stromern und Storchenschnabel, Schafgarbe und andere Wiesenblumen, wie Margeriten und Schleifenblumen pflücken.
Bild 3: Gartenbesitzer schaffen es manchmal nicht, rechtzeitig ihr Gemüse zu ernten. Bleibt es lange genug stehen, beginnt es zu blühen. Für Menschen nicht mehr essbar, für Kaninchen aber ein Leckerbissen: Der Strauß vereint Mangold, Salat, Liebstöckel und ist in der Kombination mit Mohn (nur wenig im Gemisch anbieten) und Ringelblume eine Augenweide!

Bild 4: Mit diesem herbstlichen Strauß kannst du gleich eine ganze Kaninchenfamilie glücklich machen. Die Möhren wurden auf hölzerne Schaschlikspieße gesteckt und diese unauffällig mit eingebunden.
Bild 5: Eine zarte Ton-in-Ton-Kreation entsteht aus blühendem Lollo-Rosso-Salat, Strauchbasilikum, Malve und den Blättern der Roten Beete.
Bild 6: Bunt und fröhlich zeigt sich dieser Strauß. Kaninchen haben Malven, Ringel- und Kornblumen zum Fressen gern.
Bild 7: Blühen die Kräutertöpfchen auf Balkonien, ist es an der Zeit für solch harmonische Sträuße. Der lila blühende Oregano hilft, Kaninchens Darmflora gesund zu erhalten.

Merke: Pflanzenbestimmungs-Apps helfen bei Unsicherheiten weiter.

Fotos © Diana Bachmann

Fressbare Blüten und Blätter

Geeignet sind Blüten in allen erdenklichen Farben: Kornblumen, Ringelblumen, alle Arten von Kamillenblüten, Rosenblüten, Schafgarbe, Malven, Astern, Stiefmütterchen, Borretsch, Topinambur, Storchenschnabel

Geeignete Blätter: Pfefferminze, Melisse, Breitwegerich, Liebstöckel, Himbeere, Erdbeere, Brennnessel, Borretsch, Obstbaumblätter, Birkenblätter, Mangold, Frauenmantel

All diese Blüten und Blätter lassen sich auch trocken zu tollen Geschenken weiterverarbeiten. Übrigens: Im getrockneten Zustand brennt Brennnessel nicht mehr.

Trocknung von Blüten und Blättern

Ideal: Du bindest kleine Sträußchen und hängst sie kopfüber an einen luftigen, warmen und schattigen Ort.

Alternative: An einem sonnigen Sommertag trocknen Blüten und Blätter innerhalb weniger Stunden, wenn sie dünn auf einer saugfähigen (Geschirrtuch) oder luftdurchlässigen (Netz, alte Gardine) Unterlage in der Sonne ausgebreitet werden.

Trocknung von Gemüsescheiben und Früchten

Du kannst aber auch Gemüse trocknen, wenn du es in hauchdünne Scheiben schneidest. Pass auf, dass nichts schimmelt, sondern alles an einem sonnigen und luftigen Ort schnell trocknet; vielleicht besitzt du ja sogar einen Dörrautomaten oder du verwendest den Backofen und trocknest dort dünne Gemüsescheibchen bei 60 Grad und leicht geöffneter Backofentür.

Geeignetes Gemüse: Karotten in unterschiedlichen Farben, Rote Beete, Kohlrabi, Brokkolistiele, Hokkaido, Pastinake, Petersilienwurzel

Die meisten Früchte lassen sich nur schlecht trocknen, Äpfel sind allerdings recht gut geeignet. Wenn es schnell gehen muss: Im Bioladen gibt's getrocknete Apfelringe zu kaufen und die Papiertüten dort sind zumeist unbedruckt. Daraus kannst du nun wunderschöne Geschenke für Mensch und Tier herstellen: Bemale und packe dem Tier, das du besuchst, ein kleines Tütchen, fülle es mit getrocknetem Gemüse oder einer Blüten-Kräuter-Mischung und verschließe es liebevoll mit fressbarem Naturmaterial, wie zum Beispiel langen Grashalmen oder elastischen Korkenzieherweiden-Ästen.

Merke: Viele der getrockneten Kräuter sind auch für den Menschen ein Genuss, wenn er sie im Winter als Tee mit kochendem Wasser übergießt und etwas ziehen lässt. Den abgekühlten (zuckerfreien!) Tee trinken übrigens auch Kaninchen gern.

Leckere Teemischungen für Mensch und Tier

Gute-Nacht-Tee

Zutaten:
- *1 Handvoll getrocknete Pfefferminzblätter*
- *1 Handvoll getrocknete Zitronenmelisse*
- *1 Esslöffel getrocknete Kornblumen*
- *1 Esslöffel getrocknete Malvenblüten*

Allround-Tee

für schöne Haare und glänzendes Fell, gleichzeitig vorbeugend gegen Blasenkrankheiten bei Mensch und Tier

Zutaten:
- *1 Handvoll getrocknete Brennnesselblätter*
- *1 Handvoll getrocknete Pfefferminzblätter*
- *1 gehäuften Esslöffel getrocknete Birkenblätter*

Immunstärkender Wintertee

zur Vorbeugung von Erkältungskrankheiten

Zutaten:
- *2 Esslöffel getrocknete Salbeiblätter*
- *2 Esslöffel getrockneter Thymian*
- *2 Scheiben frischer Ingwer*

Verdauungstee

Zutaten:
- *1 Handvoll getrocknete Himbeerblätter*
- *1 Handvoll getrocknete Zitronenmelisse*
- *1 Esslöffel getrockneter Oregano*
- *1 Esslöffel Fenchelsamen*
- *1 Esslöffel getrocknete Kamillenblüten*
- *Falls vorhanden: 1 Teelöffel Wermutblätter (für Menschen wird der Tee dadurch recht bitter, die Kaninchen stört es nicht)*

Viele Kaninchen trinken gerne Tee

Fotos © Shutterstock/Eric Isseleeund Alexander Raths

Foto © Diana Bachmann

Kaninchenknusperhäuschen

Hast du viele Blüten getrocknet, kannst du sie nutzen, um ein traumhaftes Kaninchenknusperhäuschen daraus zu kreieren.

Dazu benötigst du:

- *einen stabilen Karton*
- *klein geschnittenes Heu oder Stroh*
- *getrocknete Blüten*
- *Saatenmischung, z. B. Leinsamen, Sonnenblumenkerne, Kürbiskerne*
- *Buchweizenmehl*
- *Wasser*

Schneide Ein- und Ausgang und eventuell ein Fenster in den Karton. Mische ein Päckchen Buchweizenmehl mit so viel Wasser, dass ein dickflüssiger Kleber entsteht (ca. 1 Tasse Mehl auf 1 Tasse Wasser). Bestreiche eine Kartonseite dick mit Kleber. Jetzt umrande Türen und Fenster mit getrockneten Blüten. Bestreue danach die gesamte Fläche mit klein geschnittenem Heu oder mit getrockneten Kräutern. Dort, wo noch Lücken sind, kannst du Ölsaaten aufstreuen. Stelle das Ganze an einen warmen, trockenen Ort. Wenn alles angetrocknet ist, kannst du dir die nächste Seite vornehmen. Gestalte den kompletten Karton. Ist er völlig durchgetrocknet, ist das Knusperhäuschen einsatzbereit. Transportiere es vorsichtig, denn unser natürlicher Buchweizenkleber hält nicht ganz so gut wie die im Tierfachhandel zum Kleben verwendete Melasse, ist dafür aber sehr gesund.

Kletter-, Scharr- und Versteckburg

Besonders toll finden Kaninchen Gänge, Labyrinthe und sandgefüllte Kisten. Leider haben sie aber kein Verständnis dafür, dass Frauchen oder Herrchen Pappschnipsel und Sand im Wohnzimmer uncool finden! Fehlt dir zum Basteln die Zeit, kannst du im Knastladen (www.knastladen.de) für wenig Geld naturbelassene, sehr stabile Holzburgen und Buddelkisten bestellen (sogar solche, bei denen garantiert die Wohnung sauber bleibt). Diese können für das zu beschenkende Tier individualisiert, also bemalt oder beklebt werden (siehe Knusperhäuschen).

Knabberrolle

Du benötigst:

- *Heurolle*
- *1 Papprohre*
- *3 Esslöffel Buchweizenmehl*
- *3 Esslöffel Wasser*
- *getrocknete Blüten*
- *Heu oder dünne Ästchen mit kleinen Blättern (Bambus, Weide)*

Rühre aus Wasser und Buchweizenmehl einen Kleber an, streiche die Papprolle damit ein und bestreue sie mit getrockneten Blüten. Wenn alles trocken ist, befülle sie mit Heu oder dünnen Ästchen für lang anhaltende Beschäftigung und einen gesunden Knabberspaß.

Friedrich findet seinen Knabberzapfen köstlich

Foto © Diana Bachmanns

Knabberzapfen

Bei Waldausflügen findet man Zapfen verschiedener Nadelbäume. Für unser nächstes Geschenk sind Kiefernzapfen besonders geeignet. Sobald sie völlig durchgetrocknet sind, öffnen sie sich so weit, dass du sie gut befüllen kannst. Ist die Füllung im Zapfen, zieht er sich durch die Feuchtigkeit etwas zusammen und hält dadurch die Füllung regelrecht fest, wodurch Kaninchen echt zu tun hat.

Füllung: 1 Tasse Buchweizenmehl mit ½ Tasse Wasser vermischen und so lange Ölsaaten zugeben, bis ein Teig entsteht. Diesen mit einem Teelöffel in die Zapfenzwischenräume pressen. Wenn du möchtest, kannst du den Zapfen zum Schluss noch in getrockneten Blüten wälzen. Gut durchtrocknen lassen!

Gemüseeisenbahn & Co.

Eine Gemüseeisenbahn oder andere interessante Fahrzeuge lassen sich im Spätsommer und Herbst aus groß gewachsenem Gemüse einfach herstellen.

Dieser Gemüseexpress verspricht Geburtstagsfreuden

Foto © Diana Bachmann

Du benötigst:

- *1–2 Gurken (je nach Größe)*
- *3 Paprikaschoten*
- *3 dicke Karotten oder 1 kleine Rote Beete*
- *1 Scheibe Kürbis oder Zucchini*
- *Holzstäbchen, z. B. Schaschlikspieße aus Buchenholz*
- *Blüten, Kräuter und Salate zum Befüllen der Hänger*

Vorbereitung:

1. Schneide aus Zucchini oder Kürbis das Fahrgestell für die Lokomotive.
2. Schneide dicke Karotten- und/oder Rote-Beete-Scheiben. Aus ihnen entstehen die Räder.
3. Entferne den oberen Teil der Paprikaschoten, um die daraus entstehenden Anhänger befüllen zu können. Außerdem enthält der Stiel der Paprika Giftstoffe, die in größeren Mengen den Tieren schaden könnten.
4. Schneide längs der Gurke so viel ab, dass sie sicher auf dem Fahrgestell der Lok steht.
5. Halbiere die zweite Gurke oder eine Zucchini. Daraus entsteht das Häuschen für den Lokführer

Zusammenbau:

1. Kürze die Stäbe so, dass sie der Breite der Bahn entsprechen. Spieße jeweils ein Karottenrad auf.
2. Spitze jetzt die andere Seite des Stabes so an, dass du damit das Fahrgestell der Bahn und die Paprikaanhänger durchbohren kannst.
3. Ist das geschehen, versieh die Achsen jeweils mit dem zweiten Rad. Ruck, zuck! sind die Anhänger fertig und müssen nur noch beladen werden.
4. Stelle die Gurken- oder Zucchinihälfte aufrecht auf das Fahrgestell der Lok und kürze die längs aufgeschnittene Gurke so ein, dass beide Teile auf dem Fahrgestell Platz finden.
5. Die dünnen Spitzen der verwendeten Karotten werden wiederum auf ein angespitztes Hölzchen gespießt. Diese verbinden den Rumpf der Lok mit dem Fahrgestell. Auch im Fahrerhäuschen wird ein Hölzchen versteckt, was alle Teile zusammenhält.

Merke: Holzstäbchen bzw. Schaschlikspieße aus Buchenholz können bedenkenlos angeknabbert werden. Du musst keine Angst haben, dass sich die Tiere verletzen. In der Natur kommen überall Dornen vor. Die Tiere bemerken die spitzen Enden der Holzstöckchen ebenso und umgehen sie.

... und für deine Instagram-Fangemeinde:

Mit wenigen Klicks hast du deine schönsten Fotos in eine Druckvorlage eingefügt. Wenn du Preise genau vergleichst, findest du schnell sehr günstige Angebote und kannst dann eigene Weihnachtskarten verschicken und von anderen Kaninchenbesitzern erhalten. Diese versuchen sich dann gegenseitig mit der Weihnachtspostmenge zu übertreffen ...

Foto © Diana Bachmanns

Friedrich roch den Kürbis und war nicht mehr zu halten!

Fotos © Diana Bachmann

Leckerchen

Leckerchen und artgerechte Tierhaltung – ist das kein Widerspruch?

Wenn wir Tierfutter kaufen, sollten wir auch einmal das Kleingedruckte lesen. Es ist schon erschreckend, was hier alles verarbeitet und verpackt wird. Bunt eingefärbte Abfälle der Lebensmittelindustrie sollen hochwertige und natürliche Futtermittel vortäuschen. Was in der Tüte mit leckeren Kräutern wirklich drinsteckt, erfahren wir nicht. Womit das Heu auf den Knabbertunnel geklebt wurde, sagt uns keiner. Was im Drops oder Erbsenring steckt, können wir nur vermuten ... Informiere dich, wie und was dein geliebtes Tier in der Natur frisst. Das ist artgerecht! Eigentlich kommt das Kaninchen mit allem, was im Garten wächst, gut zurecht und benötigt keine verarbeiteten Lebensmittel – na gut, zugegeben, Friedrich stibitzt uns manchmal die seltsamsten Dinge von unseren Tellern ... Durch meine Schüler und meinen Instagram-Account denke ich aber, dass gerade bei jungen Menschen ein großes Bedürfnis vorhanden ist, dem geliebten Tier viel Gutes zu tun. Gut gemeint ist allerdings nicht immer wirklich gut für das Tier. Es wird gekauft, gebacken und geschnippelt, denn Mümmelfrau und Mümmelmann sollen sich ja als Familienmitglied fühlen und die investierte Liebe spüren und erwidern.

Kürbisliebe

Friedrich ist wirklich kein Zwergkaninchen! Mühelos springt er auf Tische und Bänke. Glücklicherweise war mein Handy in der Nähe, als Friedrich sein Näschen hob, auf die Bank sprang, schaute, was mein Mann gerade auf dem Teller hatte – und mitfraß! Seitdem wissen wir, dass Friedrich Kürbis liebt – auch als Suppe.

Rezept siehe Seite 72

Friedrich frisst gerne Gemüse - ganz egal ob gekocht oder als Rohkost

Wurde dieses Büchlein bereits durchgelesen, sollte klar sein, dass viele in Spezialläden kaufbare Angebote den Tierhalter locken und begeistern, den Tieren aber eher schaden als nutzen.
Viele Halter haben das erkannt und informieren sich auf gängigen Internetforen. Aber auch dort geistern viele Irrtümer umher. Kooperationen mit Futtermittelherstellern führen zu fremdbestimmten Seiteninhalten. Das Schrägste, was mir begegnet ist, war die Anleitung zur Herstellung von selbst gemachten Leckerchen, deren Hauptbestandteil gekaufte Pellets (natürlich mit Bezugsquelle) waren. Selbst Seiten von Tierschutzverbänden enthalten oft veraltete und falsche Informationen. Außerdem ist es meist schwierig, den Betreiber einer Seite zu finden und dadurch seine Absicht zu durchschauen. Hier macht es Sinn, einmal das Impressum zu lesen. Denn eine Seite eines Kaninchenzuchtverbandes verfolgt mit ihren Inhalten oft Ziele, die für einen Hobbyhalter nicht passen, schließlich sollen seine Tiere in der Regel nicht auf Ausstellungen oder im Kochtopf landen.
Für Hobbyhalter sind meiner Meinung nach folgende Seiten sehr gut geeignet: www.kaninchenwiese.de, www.kaninchen-wuerden-wiese-kaufen.de, wenngleich der in der Stadt wohnende Wohnungshalter gesagt bekommen muss, dass ein vielfältiges Gemüseangebot samt Grün ein Kaninchen über die fehlende Gartenwiese hinwegtrösten kann. Auf der Seite www.kleintiernews.de findet der Laie Rasseporträts und Rassekaninchen-Ausstellungen deutschlandweit.
Wer dennoch Leckerchen für seine Tiere haben möchte, sollte diese komplett selbst herstellen, denn nur dann weiß er wirklich, was darin enthalten ist. Außerdem: Bereitet möglichst kleine Leckerchen zu und gebt sie zur Belohnung. Euer Tier weiß ein kleines Leckerchen genauso zu würdigen wie ein großes, kann so aber öfter belohnt werden. Und hier sind sie, die Favoriten unserer Tiere und der Tiere unserer Freunde …

Kaninchenbackbuch – Ideen für gesunde Leckerchen

Friedrichs Lieblingsleckerli: Gemüsetaler

Zutaten:

- *1 Karotte (gerieben)*
- *1 kleinen Roten Beete (gerieben)*
- *1 Pastinake (gerieben)*
- *1 Apfel (gerieben)*
- *1 EL geschroteten Leinsamen*
- *1 El Sonnenblumenkernen*
- *1 EL Leinöl*

So wird's gemacht:
einen Teig mischen und so viel Haferkleie (gibt's im Bioladen) hinzufügen, dass der Teig formbar wird, zu flachen Plätzchen drücken und 5 Stunden bei leicht geöffneter Tür im Backofen bei 60 Grad dörren.

Kaninchensalat

Trotz des freien Lebens freuen sich meine Kaninchen über die Vielfalt eines Kaninchensalats, der mit leckeren Kräutern verfeinert ist: Möhrenkraut, Selleriekraut, Obstbaumzweige, Giersch, Taubnessel, Spitz- und Breitwegerich, Ringelblume, Borretschblüte, Gänsedistel, garniert mit Dill oder Fenchelkraut, lassen das Herz jedes Tieres höher schlagen. Ein Teelöffel Sonnenblumenkerne oder gequetschter Leinsamen setzt dem Ganzen die Krone auf und sorgt für ein schön glänzendes Kaninchenfell.

Foto © Diana Bachmann

Fotos © Diana Bachmann

Friedrich liebt Kürbis über alles

Diese Suppe kann auch zum Festmahl für die gesamte Familie werden!

Kaninchenrezept

Zutaten:

- *1 kleinen Hokkaido*
- *1 große Kartoffel*
- *2 Karotten*
- *500 ml Gemüsebrühe (also das Kochwasser, in dem die Vitamine noch enthalten sind)*
- *2 Esslöffel Olivenöl (dadurch kann der Körper die Vitamine besser verwerten)*

So wird's gemacht:

Wasche das Gemüse ab. Viertele den Kürbis und entferne die Kerne (Schale nicht entfernen!). Auch bei frischen Möhren genügt gründliches Waschen statt Schälen. Schneide dicke Scheiben beider Gemüsesorten und lege sie in einen Kochtopf. Schäle die Kartoffel, viertele sie und gib sie ebenfalls in den Kochtopf. (Sie darf keine grünen Stellen und keine Keime haben, denn hier sind Giftstoffe enthalten!) Fülle so viel Wasser in den Topf, dass das Gemüse nicht ganz bedeckt ist. Nach ca. 15 Minuten das Olivenöl hinzufügen und alles grob pürieren. Ein kleines Schälchen abfüllen und für die Tiere zum Abkühlen beiseitestellen.

Menschenrezept

Weitere Zutaten:

- *250 ml Kokosmilch oder 1 Becher Sahne*
- *Milch nach Belieben*
- *Salz oder gekörnte Brühe (die ist ja auch salzig, in der Milch auflösen oder während des Pürierens einrühren, damit sie nicht klumpt)*
- *Pfeffer*

Foto © Diana Bachmann

Hokkaidoleckerchen

Weil Friedrich Kürbis so gern mag, haben wir uns Hokkaidoleckerchen ausgedacht.

Zutaten:

- *fein geraspeltem rohem Hokkaido,*
- *gekochter Kartoffel und*
- *so viel Haferkleie, dass ein Teig entsteht*

Daraus Kügelchen formen, auf Backpapier, flach drücken und 30 Minuten bei 150 Grad backen.

Merke: Gekochtes Gemüse sollte selten gefüttert werden, denn eigentlich sind Kaninchen Rohveganer.

Gemüsechips

(kalorienarm und besonders empfehlenswert) Gemüse in hauchdünne Scheiben schneiden. Diese in der Sonne, auf der Heizung, im Backofen oder im Dörrautomaten trocknen lassen.

Friedrich mümmelt genüsslich getrocknete Gemüsechips. Ideal bei winterlicher Kälte, denn hier friert nichts ein Foto © Diana Bachmann

Foto © Diana Bachmann

Friedrichs Geburtstagskuchen

… besteht aus einer gekochten Kartoffel, die mit Haferschrot zerdrückt und mit nassen Händen zum Tortenboden geformt wird. Heidelbeeren und ein Bananenscheibchen krönen den Leckerbissen. Nur beim Ausblasen der Geburtstagskerze mussten wir hilfreich zur Seite stehen.

Kaninchenpralinen

(Sehr kalorienreich, nicht für pummelige Tiere!) fertigt man aus …

- *3 geraspelten Möhren,*
- *1 geriebenem Apfel und*
- *1 gequetschten Banane*

Mit so vielen feinen Haferflocken vermengen, dass ein Teig entsteht. Kekse formen und bei 150 Grad ca. 30 Minuten backen. Danach noch im leicht geöffneten Ofen oder auf einer Heizung bzw. in der Sonne nachtrocknen lassen.

Geburtstagsherzen

entstehen aus …

- *geriebener Roter Beete,*
- *Apfel und*
- *Banane, die ebenfalls*
- *mit Haferkleie*

vermengt werden.
Der Teig wird in Herzform gedrückt und bei 150 Grad ca. 30 Minuten gebacken und nachgetrocknet.

Getrocknetes

gesund und kalorienarm: Sammle schöne Gläser, beklebe sie mit hübschen Etiketten und beschrifte diese wie folgt:

Blütentraum

Sammle leckere Blüten und trockne sie.
Empfehlenswert: Kornblumen, Ringelblumen, Gänseblümchen, Malven, Löwenzahn

Kräutertraum

Sammle leckere Kräuter und trockne sie.
Empfehlenswert: Oregano, Melisse, Basilikum, Dill, Fenchelkraut, Petersilie, Brennnessel

Blättertraum

Sammle leckere Blätter und trockne sie.
Empfehlenswert: alle Obstbaumblätter, Weide und Linde in geringen Mengen, Rosenblätter, Erdbeerblätter und Himbeerblätter

Kräuterleckerchen

(enthalten gute Fasern und ungesättigte Fettsäuren)
Gekaufte Kräutermischung oder besser noch selbst gesuchte, getrocknete Kräuter (siehe Kräutertraum) verwenden!

Zutaten:

- *1 Handvoll Haferflocken*
- *1 Handvoll geschrotete Leinsamen*
- *1 Handvoll geschälte Sonnenblumenkerne*
- *2 Handvoll Kräuter*
- *2 Esslöffel Leinöl*
- *1 geriebene Möhre*
- *1 geriebener Apfel*

Die Zutaten vermengen und zu Plätzchen drücken. Diese entweder im Spaltbreit geöffneten Backofen oder im Dörrautomaten trocknen.

Getrocknete Blüten – im liebevoll gestalteten Glas ein echter Hingucker!

Foto © Diana Bachmann

Merke: Mit Leckerchen lernen Tiere schneller kleine Kunststücke. Je kleiner die Leckerchen sind, umso öfter kannst du dein Tier belohnen.

Tipps

1. Leckerchen nur aus einwandfreien Zutaten herstellen.
2. Obst und Gemüse nur waschen, nicht schälen oder vom Kerngehäuse befreien, denn hier stecken wertvolle Vitamine.
3. Leckerchen schnell gut trocknen bzw. nach dem Backen noch nachtrocknen lassen, damit sie nicht schimmeln können, dann in Schraubgläsern vor Feuchtigkeit geschützt aufbewahren.
4. Leckerchen müssen entweder zeitnah verfüttert werden oder völlig durchgetrocknet sein. Im Zweifelsfall kann man sie auch einfrieren.
5. Kaninchen vertragen all die Zutaten nicht, die in menschlichem Gebäck für ein gutes Gelingen sorgen. Deshalb Backpulver, Mehl, Zucker (auch Honig) und Ei unbedingt weglassen.

Wenn Kaninchen einkaufen gehen könnten, würden sie „Grünzeug" kaufen

Foto © Diana Bachmann

Was VOR der Anschaffung eines Tiers bedacht werden sollte

Ein Zwergkaninchen passt besser in eine Wohnung und stellt geringere Ansprüche?	Zwergkaninchen sind genauso anspruchsvoll wie ihre großen Artgenossen, haben die gleichen Instinkte und Bedürfnisse.
Haben Kaninchen einen Geruch?	Ja, den brauchen sie! Sonst finden sie in der Natur nicht den passenden Partner. Duftdrüsen am Kinn und After dienen zur Markierung des Reviers. Männliche Tiere riechen stärker als weibliche. Weibliche Tiere sind schneller sauberzubekommen. Kastrierte, gesunde Tiere, deren Toiletten/Käfige regelmäßig gereinigt werden, riechen für uns Menschen aber häufig gar nicht. Baden sollte der Mensch sein Tier nur im äußersten Notfall, denn eine bessere Funktionskleidung als ein Fell gibt es nicht – und diese wird durch unfreiwilliges Baden und Einsatz menschlicher Haarwäschen nachhaltig geschädigt.
Sind Rassetiere gesünder?	Oft sind gerade die Mischlinge die gesündesten Tiere, denn Rassetiere werden häufig einseitig auf bestimmte optische Merkmale hin gezüchtet und damit wird der vorhandene Genpool eingeschränkt.
Im Internet kann man günstig hübsche Tierbabys bekommen?	Das stimmt. Kaufen Sie aber nur, wenn der Züchter bereit ist, Ihnen die Elterntiere und die Haltungsbedingungen zu zeigen. Kaufen Sie nie aus Mitleid oder weil die Gelegenheit so günstig ist. Fragen Sie, was das Tier bisher zu fressen bekam. Jegliche abrupten Nahrungsumstellungen können zu gesundheitlichen Problemen führen. Informieren Sie sich im Vorfeld, welche Impfungen das gewünschte Tier haben müsste, und lassen Sie sich dann vom Verkäufer eine Impfbescheinigung zeigen. Ist das Tier nicht geimpft, stellen Sie es unverzüglich einem Tierarzt vor.
Hat die Zoofachhandlung alles, was ich benötige?	Jeder Verkäufer würde dies bestätigen. Man bekommt Tier, Käfig, Einstreu, Futter und mit Glück noch ein paar gut gemeinte Ratschläge. Ein Starterkit sozusagen. Aber schauen wir genauer hin: Herkunft und Impfstatus der Tiere sind oft nicht nachprüfbar. Plastikkäfige scheinen für ein Jungtier auszureichen – werden aber in Wirklichkeit dem Bewegungsdrang kein bisschen gerecht, und über Pellets und andere Futtermischungen und die kunterbunte Leckerchenvielfalt haben wir ja schon gesprochen.
Ein Kaninchen an der Leine führen?	Kaninchen sind Fluchttiere, die leicht erschrecken. Eine am Hals befestigte Leine würde dem erschreckt davonjagenden Tier das Genick brechen. Spezielle Kaninchengeschirre verhindern dies zwar, dennoch ist es für ein Kaninchen eine Qual, von seinem Besitzer durch die Landschaft gezerrt zu werden. Kann sich das Kaninchen in vertrauter Umgebung unter Aufsicht selbstständig bewegen, kann ein Geschirr mit frei hinter dem Tier herschleifender leichter Leine helfen, das Tier leichter zu stoppen und wiederzubekommen, wenn es erschreckt wurde und flieht. Besser ist aber ein eingezäunter Auslauf mit Abdeckung zum Schutz vor Sonne und Fressfeinden und einer Hütte, in die sich das Tier zurückziehen kann. Lässt man ein Kaninchen unbeaufsichtigt im Auslauf, sollte man öfter kontrollieren, ob das Tier Höhlen oder gar Gänge gräbt, durch die es schließlich entweichen kann. Bei dauerhaft im Freien lebenden Tieren benötigt man ein grobmaschiges Geflecht, das ein Ausbrechen verhindert.

Merke: Wir sind lustige Gesellen mit Gefühlen wie du sie hast. Fühlen wir uns nicht wohl, werden wir sehr schnell krank.

Fotos © Shutterstock/Rita KochmarjovaStudio

Landen im Tierheim ungeliebte und gestörte Tiere?	Mitunter schon. Sehr oft findet man aber auch liebe, zutrauliche und sozialisierte Tiere, weil Menschen sich wegen Allergie, Wohnungswechsel oder dem Desinteresse am ehemals heiß ersehnten Geschenk trennen müssen oder wollen. Und das Schöne an einem Tierschutztier: Die meisten Tierheime (schauen Sie ruhig in mehreren Heimen nach!) kennen ihre Tiere und deren Bedürfnisse und können beratend zur Seite stehen. Die Tiere sind tierärztlich untersucht und geimpft. Mögliche Krankheiten werden offen kommuniziert. Übernimmt man im Tierheim ein erwachsenes oder älteres Tier, weiß man, was man bekommt. Und wenn das Interesse des Kindes bzw. das Kind selbst dann aus dem Haus ist, frisst der ruhige Senior nur noch für eine überschaubare Zeit sein Gnadenbrot. Übrigens ist die im Tierheim zu zahlende Schutzgebühr deutlich geringer als der Preis eines Tiers im Zooladen. Meist deckt diese Gebühr gerade so die im Heim angefallenen Tierarztkosten. Seriöse Heime nehmen ihre Tiere im „Katastrophenfall“ zurück – wenn auch ungern, denn jede neue Vermittlung hinterlässt Spuren in der Seele eines Tiers.
Fitness für das Haustier?	Die Kaninchensportart „Kaninhopp“ wird immer beliebter. Mittlerweile gibt es schon Vereine, die sich diesem Kaninchensport widmen. Sogar Wettbewerbe werden ausgerichtet. Wie beim Pferdesport geht es darum, dass das schnellste Tier, welches die wenigsten Fehler beim Überspringen immer höherer Hürden macht, gewinnt. An dieser neuen Sportart scheiden sich die Geister. Klar ist, dass artgerecht gehaltene Kaninchen kein Fitnessprogramm benötigen. Klar ist aber auch, dass Kaninchen auch in freier Wildbahn über so manchen Ast oder Graben springen. Was mich an den vielen Instagramposts zu diesem Thema stört, ist, dass die Kaninchen dort an Leinen geführt werden. Und wenn der Ehrgeiz des zumeist jugendlichen Besitzers groß ist, wird in der Vorbereitung der Wettbewerbe schon einmal am Kaninchengeschirr gezerrt, um das Maximale aus dem Tier herauszuholen. Und genau hier liegt meiner Meinung nach das Problem. Kaninchen sollten freiwillig springen. Weil sie ihr Frauchen/Herrchen oder wenigstens das angebotene Leckerchen mögen. Unser Friedrich, der Freude an solchen Spielchen zu haben scheint, funktioniert dabei aber ohne Leine und manchmal auch gar nicht. Denn wenn die Hürde – bei uns zumeist ein alter Besenstil von den Enkeln lose über zwei Steine gelegt – ihm zu hoch wird, hoppelt er einfach darunter durch. Und das darf er.
Ein Kaninchen in der Wohnung genügt. Schließlich soll sich ja der Besitzer mit ihm beschäftigen!	… oder doch eher das Kaninchen mit dem Besitzer? Aber, wie auch immer – das tun Kaninchen auch, die zu zweit gehalten werden, denn schließlich sind Kaninchen sehr neugierig. Kaninchen sind gesellige Tiere. Deshalb sollte man immer mindestens zwei Tiere halten. Am einfachsten ist das mit gleichgeschlechtlichen Wurfgeschwistern. Sind diese kastriert, ist das in der Regel die Garantie für ein glücklich einträchtiges Leben mit vielen Kuschelstunden.

Danke für die Aufmerksamkeit!

Wusstest du's schon?

#Hase und #Kaninchen
zählen zwar zur Ordnung der Hasenartigen (Fachbegriff Leporid), sind aber unterschiedliche Tierarten und können auch nicht miteinander verpaart werden.

#Hasen
bringen ihre Jungen mit Fell und geöffneten Augen in einer oberirdischen Kuhle, der Sasse, zur Welt und sind Einzelgänger.

#Kaninchen
werden nackt, blind und völlig hilflos in Erdbauten geboren und leben in Kolonien mit Artgenossen zusammen.

#Kanincheninsel
Ja, es gibt sie wirklich!
„Auf der etwa zwei Kilometer langen japanischen Insel Okunoshima braucht man nicht lange zu warten, bis einem ein kleines Pelztier ins Blickfeld hoppelt. Hunderte Kaninchen leben hier und locken als Touristenattraktion pro Jahr etwa 100.000 Besucher an."

„Der Boden, auf dem heute Kaninchen hoppeln, war früher eine Produktionsstätte von Giftgas."

Man vermutet, dass die unzähligen Kaninchen in die Freiheit entlassene Versuchstiere sind, die sich dort unkontrolliert vermehrt haben.
https://bit.ly/37HVtMD

#Baumwollschwanzkaninchen
sieht man bei Instagram manchmal auf amerikanischen Accounts. Diese superkleinen und extrem leichten Tiere sind eine weitere Unterart der „Hasenartigen", sind eher Wild- als Haustier und werden maximal drei Jahre alt.

**#Einohrhasen,
#Keinohrhasaen,
#Weißohrhasen und
#Löffelohrhasen?**
… hätten in der Natur keine Überlebenschance. Leider finden wir Menschen bei unseren Kaninchen solche Anomalien, durch eine Veränderung des Erbguts ausgelöst, oft besonders niedlich und exklusiv. Beide Ohren sollte ein Kaninchen schon besitzen, wie diese aber auszusehen haben, darüber scheiden sich die Geister. Weißohrkaninchen leben glücklicherweise mit keinerlei erblichen Beeinträchtigungen. Löffelohrkaninchen fehlt aber häufig das Schwänzchen und ihre Lebenserwartung hinkt weit hinter der Lebenserwartung gesunder Kaninchen hinterher. Da aber leider die kurzen und fast runden (löffelförmigen) Ohren perfekt in das von uns so geliebte Kindchenschema passen, werden Zuchtbemühungen wohl bald dahin gehen, neben zu kurzen Schnäuzchen und großen Augen bei vielen Zwergkaninchen auch noch Löffelöhrchen zu etablieren …

#JerseyWooly,
im folgenden Abschnitt als Rekordtier erwähnt, ist ebenfalls eine amerikanische Zwergkaninchen-Langhaarrasse, die aber im Gegensatz zu Angorakaninchen ein pflegeleichteres Fell besitzt.

#Pygmäen-Kaninchen
Das Pygmäen-Kaninchen ist das kleinste Leporid der Welt […] mit einem mittleren Erwachsenengewicht von 375 bis etwa 500 Gramm (0,827 bis etwa 1,102 Pfund) und einer Körperlänge von 23,5 bis 29,5 Zentimeter […]
(Wikipedia, 26.07.2020).

Rekordverdächtig?
Aus dem Guinnesbuch der Rekorde

Das älteste Kaninchen

Laut Guinnessbuch der Rekorde wurde das älteste Kaninchen der Welt siebzehn Jahre und zwei Wochen alt. Es wurde 1996 geboren, war ein Jersey Wooly und hieß „Do".

www.tierchenwelt.de/hasen/3095-kaninchen.html

Das größte Kaninchen

Das Riesenkaninchen Ralph ist laut Guinnessbuch der Rekorde das schwerste Kaninchen der Welt. Es bringt 25 Kilogramm auf die Waage. Um Ralph satt zu kriegen, muss sein Besitzer jede Woche für gut 60 Euro Futter einkaufen. *(https://www.tierchenwelt.de/hasen/3095-kaninchen.html)*

Das langhaarigste Kaninchen

Haarig: Franchesca, ein zwei Jahre altes Angorakaninchen aus Kalifornien, hält den Weltrekord für das längste Kaninchenfell. Es ist 36,5 Zentimeter lang. Ob das Tier noch etwas sehen kann? Diese und die folgenden Bestmarken haben es in das neue Guinnessbuch der Rekorde geschafft.

(Spiegel online vom 10.9.2015)

Das talentierteste Kaninchen

Das auf den ersten Blick am vielseitigsten talentierte Kaninchen in der Guinnesgeschichte ist wohl Bini. Es spielt Basketball, malt Bilder, die mittlerweile in einem Onlineshop verkauft werden. Selbst auf den Spielemarkt ist Werbeträger Bini vorgerückt.

(Vgl. Guinness World Records. Amazing Animals, 2017)

Bini ist kein gewöhnliches Kaninchen.

[…] Bini kann verschiedene Kunststücke vollführen, am beeindruckendsten ist aber wohl sein Rekord in den Meisten Basketball-Slam-Dunks pro Minute von einem Kaninchen. […]

Besitzer Shai Asor scherzt liebevoll, dass Bini dank ihm ein Interesse für Basketball entwickelt hat. Er sagt, Basketballspielen sei Binis Lieblingsbeschäftigung und dass er seine Dunks sogar jeden Abend vor dem Schlafengehen übt.

In eigener Sache

Ganz Neugierige können meine Tiere und mich gern auf Instagram und YouTube besuchen. Ihr findet uns dort unter „happy.kaninchen". Selbstverständlich mit eigenen Tierbildern ohne jegliche Filter und ohne künstliches bzw. gekauftes Pushen des Accouts.

Fotos © Claudia Paulussen/Shutterstock.com

Merke: Wenn du deinen Kaninchen etwas Gutes tun willst, gönne ihnen viel Bewegung und Auslauf. Sie lieben den Duft von frischem Gras und bunten Blumen. Aber achte immer darauf, dass die Tiere sicher geschützt sind und nicht ausbüchsen können.